# 冰箱里飞出来的诺贝尔奖

## 化学卷

柠檬夸克 著　五口 绘　刘玉鹏 审订

中信出版集团 | 北京

图书在版编目（CIP）数据

冰箱里飞出来的诺贝尔奖：化学卷 / 柠檬夸克著；
五口绘 . -- 北京：中信出版社，2023.11
ISBN 978-7-5217-5940-2

Ⅰ . ①冰… Ⅱ . ①柠… ②五… Ⅲ . ①化学－青少年
读物 Ⅳ . ① O6-49

中国国家版本馆 CIP 数据核字（2023）第 157170 号

冰箱里飞出来的诺贝尔奖：化学卷

著　　者：柠檬夸克
绘　　者：五口
出版发行：中信出版集团股份有限公司
（北京市朝阳区东三环北路27号嘉铭中心　邮编　100020）
承 印 者：北京尚唐印刷包装有限公司

开　　本：889mm × 1194mm　1/24　　印　　张：6　　字　　数：80千字
版　　次：2023年11月第1版　　印　　次：2023年11月第1次印刷
书　　号：ISBN 978-7-5217-5940-2
定　　价：39.80元


服务热线：400-600-8099
投稿邮箱：author@citicpub.com

亲爱的小朋友，希望你今天爱读诺贝尔奖的故事，未来能得诺贝尔奖。

——柠檬夸克

# 目录

专业
加氟

# 冰箱里飞出来的诺贝尔奖

在空气质量预报中，有时我们会听到“首要污染物是臭氧”。

臭氧，听着就不招人待见，它会把空气弄得臭臭的吗？可为什么我们没有闻到？

翻开日历，9 月 16 日竟然是国际臭氧层保护日！还有臭氧层？那得多臭啊！

既然臭氧是污染物，那为什么还要保护它？还有，对一股“臭气”，我们又该怎么去保护呢？

## 并不是有人放屁了

我们对氧气并不陌生，尽管看不见、摸不着，但我们知道，它就在身边，没有颜色，没有味道。

臭氧是氧气的亲兄弟。当然，它是“臭”的，要不然怎么叫臭氧呢。至于臭氧的成因，别想歪了！并不是有人放了屁把氧气熏臭了。普通的氧气，每个氧分子里有两个氧原子，而臭氧的分子里有三个氧原子。

臭氧是一种淡蓝色的气体，有刺激性的气味，类似鱼腥味，它的化学性质活泼得让人发愁，几乎能与任何物质发生化学反应，换句话说，逮谁祸害谁。当臭氧进入生物体后，二话不说就和细胞中的物质进行化学反应，细胞也就被它搞死了。这一点还是挺可怕的！不过，要是不让它进入人体，而是进入一些我

### 阅读延伸

臭氧是氧元素的同素异形体。1785年，德国人在使用电机发电时，闻到了一种怪味。1840年，德国科学家舍恩拜因在电解稀硫酸时，察觉到一种特殊臭味的气体。这种气味与雷电后空气中的腥臭味相同，他判定，这种气味来自一种新物质，并将这种物质命名为臭氧。

们希望消灭掉的生物体里，也还不错！人类这么聪明，总是能找到办法变害为利，臭氧通常被用来消毒杀菌，给农作物除虫。

臭氧有令人不愉快的臭味，还对人体健康有害，所以是我国主要监测的大气污染物之一。不过你不用太过担心，因为我们身边的臭氧很少。大气中的臭氧主要集中在距地面 20~25 千米的臭氧层中。

## 不好！漏了一个洞！

近地面的臭氧是烦人精，高空的臭氧层却是我们的保护伞。

所谓臭氧层，是指在平流层里，大气中臭氧分子比较集中的层。阳光中的紫外线会把一些氧气转化成臭氧，臭氧层中的臭氧就是这样来的。

对人来说，紫外线是看不见的杀手。紫外线会让皮肤变黑，过多的紫外线还能诱发包括皮肤癌在内的多种皮肤病，损伤眼睛，以及破坏人的免疫力。臭氧分子却是吸收紫外线的小能手，擅长把紫外线拦截在高空。如果没有臭氧层的保护，地球上的大多数生命都活不下去，也包括人类。

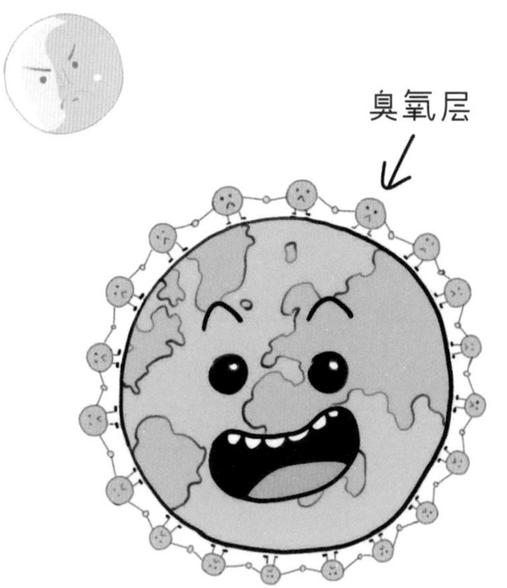


臭氧吸收了紫外线后，会以另外一种方式把能量释放出来。这些能量对人类无害，还会给大气加热，我们的地球就不会像太阳系其他行星那样冷得吓人。没想到吧，臭氧很臭，但也很“暖”。

臭氧层对人类如此重要，我们当然要重视它、珍惜它。然而，当科学家们把研究的目光投向臭氧层时，却发现它面临重重危机，在南极上空，赫然出现了一个巨大的臭氧空洞！在这里，臭氧分子已经所剩无几。

## 谁干的?

谁破坏了臭氧层呢？这个骇人的大窟窿是谁“捅”的？

关于臭氧层被破坏的原因，曾经有多种假说，最后锁定的罪魁祸首竟是一项曾经让人们引以为荣的发明——氟利昂。

氟利昂不是天然物质，20 世纪初期，它被美国化学家托马斯·米基利发明出来，它的主要任务是在冰箱、空调里充当制冷剂。在此以前，冰箱用的制冷剂中含有氨、二氧化硫、丙烷等成分，它们不仅有毒，还容易被点燃。这样的东西放进冰箱里，无异于埋下一颗定时炸弹！1929 年，在美国克利夫兰发生了一起冰箱制冷剂泄漏的事故，造成了超过 100 人死亡。

氟利昂无毒，不容易燃烧，制冷效果还挺好，作为一种制冷剂算是相当优秀了，所以很快被大规模地推广使用。米基利也因此获得了由美国化学工业学会颁发的珀金奖，并当选美国化学会主席。

从 20 世纪 30 年代开始，氟利昂作为制冷剂，大规模地出现在冰箱、空调和冷库里。不仅如此，人们还把氟利昂当作发泡剂、喷雾剂、清洗剂，甚至灭火剂使用。谁也没想到，这种看起来老实本分，勤勤恳恳造福千家万户的东西，却在遥远的高空默默蚕食地球的保护伞！ 1973 年，美国化学家弗兰克 · 舍伍德 · 罗兰和马里奥 · 莫利纳开始研究氟利昂，最终发现了氟利昂是破坏臭氧层的凶手。

这还得了！于是，各国陆续叫停了氟利昂的生产。但从卫星照片上看，南极上空巨大的臭氧空洞还在，像一张张开的大嘴，提醒着人们可怕的教训。科学家们估计，臭氧层恢复到之前的水平，恐怕需要百年的时间。因此氟利昂被说成是贻害百年的发明。

## 阅读延伸

1985 年，英国南极科考队员法曼等人报告，南极上空出现臭氧洞：每年在南半球 8~10 月，南极上空臭氧层中的臭氧含量明显下降；11 月，臭氧浓度开始回升。臭氧洞的面积比南极大陆还要大很多，相当于北美洲的大小。后来，在北极上空人们也发现了臭氧洞。

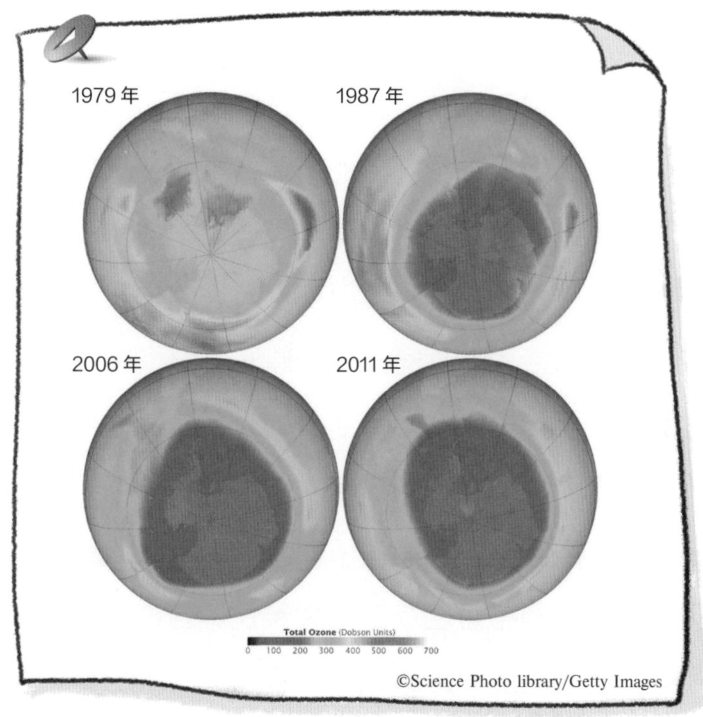


1979 年至 2011 年南极上空臭氧空洞变化，卫星图像。

## 氟是被冤枉的，氯是罪魁祸首

你是不是觉得不可思议？冰箱里的制冷剂和比珠穆朗玛峰还高得多的臭氧层，看起来八竿子都打不着，科学家怎么就知道是氟利昂破坏了臭氧层呢？

氟利昂是一个商业名称，是一类化合物的统称。它们的化学名称叫氯氟烃，简单点说，就是里面有氟，有氯，还有碳。

氟利昂是一种气体，一旦释放，会慢慢上升到地球大气层中臭氧层的顶部。想想看，当你和同学们列队站在操场上时，大太阳正当顶，火辣辣的，是不是有些同学容易沉不住气动一下？同样，当强烈的太阳光照射在臭氧层上，氟、氯、碳原子组成的“小团伙”里，不安分的氯原子就会径自脱离队伍，到处溜达。氯的化学性质是相当活泼的，会霸道地从臭氧分子中拉走一个氧原子，强行与自己组队。

跑了一个氧原子，臭氧分子就变成了普通的氧气分子。可这“氯氧组合”却不可能友谊地久天长。当它们遇到另一个臭氧分子时，立刻翻脸，分道扬镳，氧原子从新的臭氧分子中抢来一个氧原子，与自己结合成为稳定的氧气分子。而那个“惹是生非”的氯原子呢，则成了孤家寡人被晾在一边。

经过这么一番操作，氯还是原来那个氯原子，可原本好好的两个臭氧分子却变成了三个氧气分子。臭氧分子就这样神不知鬼不觉地被“谋杀”了。事情还没有完！那个落单的氯原子继续在臭氧层中游走，从这个臭氧分子中拉一个氧原子，从那个臭氧分子中拉一个氧原子，把臭氧分子变成普通的氧气分子。科学家推算，1 个氯原子平均可以毁掉大约 10 万个臭氧分子。

再见!
他们
不臭了……

不和我玩
了吗?
我们要
在一起!

你俩聊吧,
我闪了!

## 此氟非彼氟

1974 年，罗兰和莫利纳公布了他们的研究成果，让全世界都大吃一惊。要知道，臭氧减少甚至出现空洞，听上去不疼不痒，可真不是闹着玩的！如果臭氧层中的臭氧含量减少 10%，那么抵达地球表面的紫外线将增加 19%~22%，皮肤癌的发病率就可能增加 15%~25%。联合国也坐不住了，最终在它的协调下，各国开始采取措施，逐渐减少并最终停止氟利昂的生产和使用。在这种努力下，现在南极上空的臭氧洞正在逐渐减小，乐观预计再过 40 年左右，臭氧洞有可能会消失。

可以说，罗兰和莫利纳的研究拯救了世界，让包括人类在内的众多生命免于一场灾难。

读到这里，你也许会有些不安，因

阅读延伸

1987 年，通过了《蒙特利尔议定书》，对多种氟氯碳化物的生产做了严格的管制规定，并规定各国有共同努力保护臭氧层的义务。包括我国在内，2016 年已有 197 个成员签署了《蒙特利尔议定书》。南极上空的臭氧层进入了漫长的恢复期。据联合国环境署和世界气象组织于 2023 年发布的一项预测，若氟利昂在大气中的水平继续稳定下降，全球臭氧层将在 21 世纪中期恢复到 1980 年的状态。

为现在还有人给空调加氟呢！如果谁家空调的制冷效果渐渐减弱，修理空调的人可能会说："没氟了，要加氟。"别担心！他所说的"氟"的确就是氟利昂，不过此氟非彼氟！前面介绍过，氟利昂只是一个商品名称，现在的氟利昂里已经没有了破坏臭氧层的氯原子了，取而代之的是一类叫作氢氟烃的化合物，这种化合物是安全的。

因为发现了氟利昂对大气臭氧层的破坏及其破坏机理，罗兰和莫利纳获得了 1995 年的诺贝尔化学奖。与他们共同获奖的是一位叫作保罗 · 克鲁岑的荷兰化学家，他获奖的原因同样是保护了臭氧层，只不过他抓住的是破坏臭氧层的另外一个"罪犯"——氮氧化物。

诺贝尔奖群英谱
1995 年 诺贝尔化学奖
- 授予 -
弗兰克·舍伍德·罗兰 / 1927-2012 美国化学家
马里奥·莫利纳 / 1943-2020 美国化学家
保罗·约瑟夫·克鲁岑 / 1933-2021 荷兰化学家
表彰他们对大气化学，尤其是关于臭氧的形成和分解的研究
THE NOBEL PRIZE
THE NOBEL PRIZE

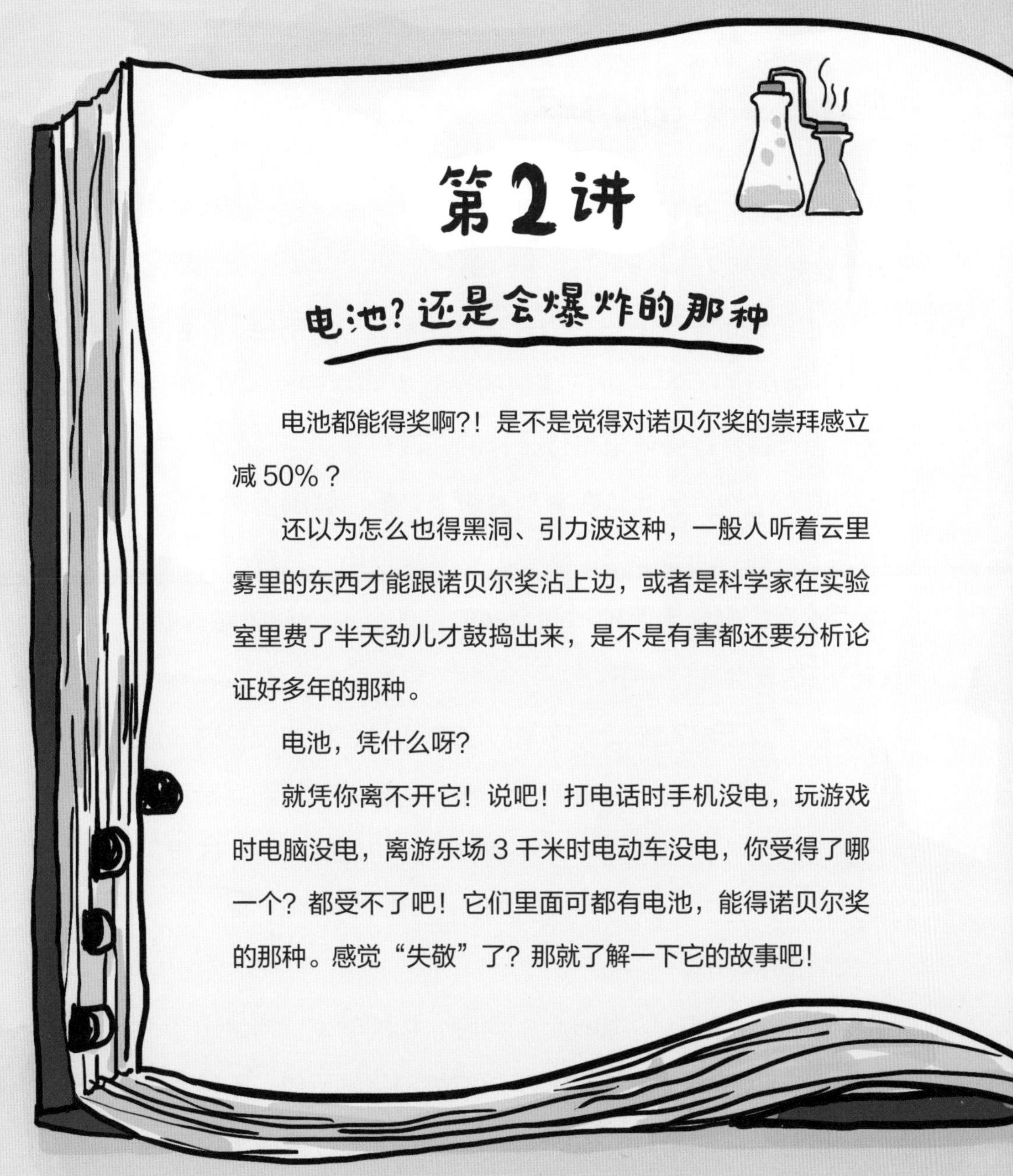

# 第2讲

## 电池？还是会爆炸的那种

电池都能得奖啊?！是不是觉得对诺贝尔奖的崇拜感立减 50%？

还以为怎么也得黑洞、引力波这种，一般人听着云里雾里的东西才能跟诺贝尔奖沾上边，或者是科学家在实验室里费了半天劲儿才鼓捣出来，是不是有害都还要分析论证好多年的那种。

电池，凭什么呀?

就凭你离不开它！说吧！打电话时手机没电，玩游戏时电脑没电，离游乐场 3 千米时电动车没电，你受得了哪一个？都受不了吧！它们里面可都有电池，能得诺贝尔奖的那种。感觉“失敬”了？那就了解一下它的故事吧！

## 一只为科学献身的青蛙

说起电池，就不能不提一只为科学献身的青蛙。青蛙和电池有什么关系呢？

18 世纪末的一天，一只青蛙悲壮地躺在了解剖台上。出于科学研究的目的，对它进行解剖的是意大利生理学家加伐尼。他就是想看看青蛙身体里是什么样的，说得专业点儿，是了解青蛙的内部结构。因此，在解剖台边上，各种解剖器械整整齐齐地摆了一排。加伐尼根据需要，不时地换用。在解剖时，他无意中发现，如果用两种不同金属制造的器械同时碰触青蛙，青蛙的肌肉就会抽搐一下。

这是怎么回事？加伐尼不禁打了个寒战。我的天！这，这是一只死青蛙呀，它不会有感觉，怎么动起来了？到底是科学家，没有联系什么怪力乱神，冷静思考后加伐尼认为，这是因为青蛙体内产生了一种电。他把这种电叫作“生物电”。

真的是生物电吗？

“不是这么回事！”加伐尼的同胞，物理学家伏特给出了不同的解释。他说：“电是有的，不过它来自化学反应。不信？我就做个实验给你们看！”他把两种不同的金属片浸在某种溶液

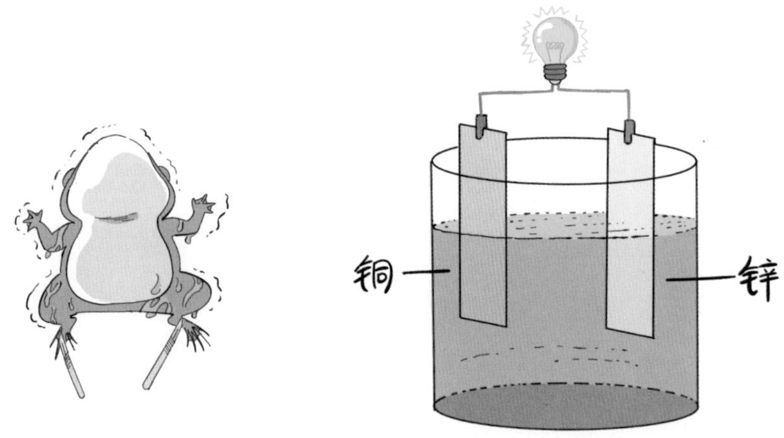


里。在这两种金属中，只要有一种能与溶液发生化学反应，就会发生不可思议的事情——两片金属之间真的有电流!

这跟青蛙有关系吗？——有呀！伏特的实验和加伐尼的实验是相对应的。青蛙满是体液，就相当于伏特实验里的电解液。青蛙身上有金属片吗？——没有，但加伐尼实验中用到的两种不同材料的金属工具就相当于金属片，为电池提供正极和负极。

原来如此!

1800 年，伏特发明了伏特电堆。电堆，名字是土了点儿，它可是今天我们用的各种电池的老祖宗，不折不扣的电池 1.0 版!

# 被嫌弃的电池的一生

我们心目中不可一世，用来做珠宝首饰的贵金属，进了科学家的实验室也就是平平无奇的“打工人”。一度称霸世界货币的白银就曾屈身在伏特电堆里，与铜、铁等金属一样，勤勤恳恳地扮演“青蛙腿”的角色，和它搭档的是锌。溶液则是盐水。电池的原理就是这么回事。可这样的家伙只能摆在实验室里给人看看，真要放到你的电动小火车里——咔嗒咔嗒……没开两下，流汤儿了！谁敢把它揣在兜里？谁乐意用它？早先的电池因为不实用，处处被嫌弃。

挑剔催生进步，不足成就圆满。在伏特之后，不断有人设计制造出更好用的电池，但依然逃不脱被嫌弃的命运。

1859 年，法国的普兰特发明了铅酸蓄电池，这是最早的可充电电池。汽车启动时用的就是它。不过，它里面也有溶液，可以胜任的“岗位”有限。

1887 年，英国人赫勒森发明了干电池。“干”的意思是，这种电池里用固体电解质材料代替了伏特电堆里的溶液。干电池体积小，携带方便，很快风靡世界。不过，人们有时依然看着它皱眉头，干电池身材小巧，确实方便，可它储存的电量实在太少了。面对用电量大的电器，毫无存在感，你见过遥控器里的电池给冰箱供电吗？还有，干电池不能反复充电，废弃后会污染环境。铅酸蓄电池的电量倒是大，还能充电，可是溶液的配置限制了它的“就业范围”，另外，要是把它放进剃须刀或者电吹风里，那么剃须和吹头发时就可以顺带健身啦！因为铅酸蓄电池又大又重，这一点也经常被人嫌弃。

人们理想中的电池，电量要大，使用时间要长，个头儿要小，重量要轻，能反复充电，不污染环境。能有这样的电池吗？

## 它来了，它带着爆炸走来了

1972 年，31 岁的斯坦利 · 惠廷厄姆加入了埃克森公司，在这里，他的研究方向是具有层状结构的过渡金属的硫化物，听上去真高级呀！一般人都不知道是干什么的。通俗地说，就是公司希望他能发现新的超导材料。结果超导材料没有发现，惠廷厄姆却意外发现了锂元素一些特殊的性质，利用这种性质，可以制造一种能充电的电池。

锂是元素周期表上的第 3 号元素。在所有金属里，锂最轻了，可以上演“凌波微步”——漂浮在水或者油的表面。锂的化学性质非常活泼，可以和很多物质发生化学反应；重量轻，做出的电池不会笨重；不是重金属，不会污染环境。和二硫化钛联手，电子可以在它们之间来回行进，也就是电池可以反复充电和放电。这些优点让锂在“电池负极材料养成班”成为妥妥的“学霸”。

**阅读延伸**

我们通常说的锂电池其实包括两类，一类是锂金属电池，另一类是锂离子电池。锂金属电池尽管有很多优点，但在技术上还不够成熟，还没有被大规模使用。我们的手机、笔记本电脑、运动手环，以及电动汽车里的锂电池，都是锂离子电池。

然而，有锂“加盟”的电池也有相当致命的缺点：一是电压不够大，作为电池这就意味着战斗力差点儿意思；另一个问题是锂太活泼，一言不合就爆炸！

尽管这种最原始的锂电池问题多多，还容易爆炸，可不得不承认，它打开了人们的视野，为研发电池提供了新的思路。

1980 年，经过多年探索，美国物理学家约翰·古迪纳夫发现钴酸锂很适合作为电池的正极，可以解决电压不够的问题，锂电池战斗力立马翻番。

随后，日本化学家吉野彰改进了锂电池的负极，他用石油焦包裹离子态的锂。黝黑的石油焦像个宽厚温和的老大哥，抚平了锂的“暴脾气”，不那么爱爆炸了。这样就诞生了世界上第一块具有商业价值的锂电池。

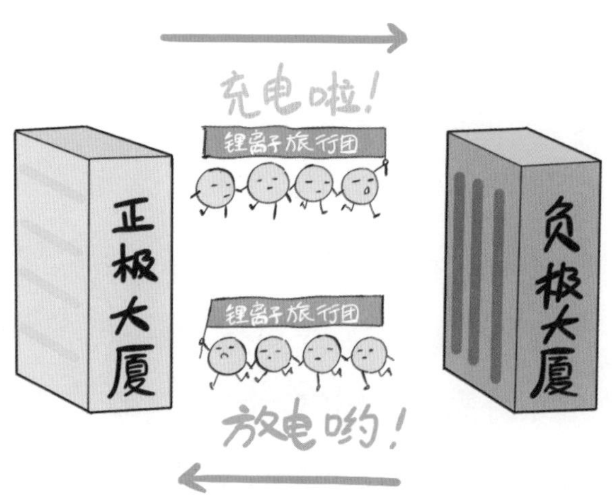


这样的电池还会被嫌弃吗？——会的！但也正因为如此，锂电池自发明后就不断被改进，越来越小巧，战斗力越来越强，安全性越来越

高，还可以反复充电，功能越来越强大。它进入我们的手机、耳机、运动手环、笔记本电脑，甚至电动汽车，逐渐成为被广泛使用的电池品种。小锂同学厉害啦！如果没有锂电池，就没有我们现在的移动通信时代，也别想拥有没有尾气的环保汽车。

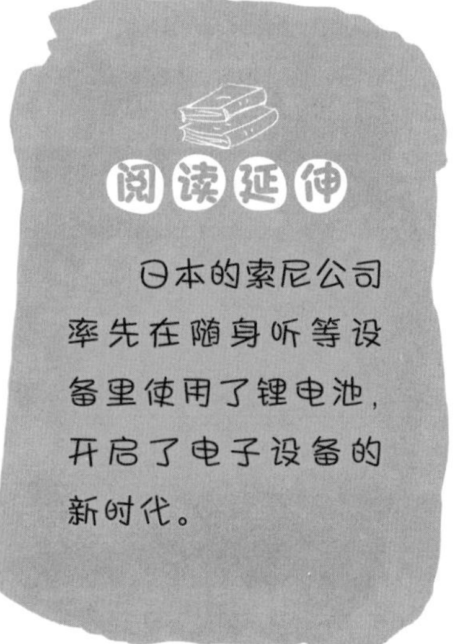


## 足够好先生

古迪纳夫、惠廷厄姆和吉野彰因为在锂电池方面的贡献而获得 2019 年诺贝尔化学奖。这一年，古迪纳夫已经 97 岁高龄了，他因为刷新了诺贝尔奖获奖时的年龄纪录而备受关注。好玩的是，他的姓 Goodenough，直译成中文就是“足够好”。

足够好（古迪纳夫）先生的一生真是太传奇了！ 1922 年，他出生在德国的耶拿——一个即使到现在也才有几万人的小城。小时候，他患有阅读困难症，对大多数人来说，这个病意味他不是念书的料。然而，我们的足够好先生却奇迹般地考上了耶鲁大学。在大学期间，他先后修过古典文学、哲学和物理，最终却以数学学士的身份毕业。

大学毕业后，足够好先生参加了美国空军，他的工作是在太平洋的一个小岛上观测气象。工作之余，他又对物理学产生了浓厚的兴趣。于是退伍后，他决定报考芝加哥大学物理系的硕士研究生，居然还就考上了！经过发奋努力，毕业之后他成为一名物理学家。

20 世纪 70 年代，世界上爆发了第一次石油危机，石油价格上涨导致的经济危机让很多人失去了工作。和许多科学家一样，足够好先生致力于寻找可以替代石油的新能源，但他的工作单位不允许进行这方面的研究。恰好此时，牛津大学招聘无机化学实验室的主任。足够好先生——一位学过古典文学，爱哲学，从数学系毕业的物理学家，成了化学教授。

在牛津大学，他的主要研究方向就是锂电池，经过 4 年的努力，他找到了一个理想的正极材料——钴酸锂，将锂电池的研究推进了一大步。随后 20 年，足够好先生又对正极材料做了两次改进，得到了今天的锂电池。

90 多岁时，足够好先生仍然坚持对锂电池的研究。有困难就能克服，有梦想就能追逐，有天赋就能发挥，有机会就能抓住，有岁月就能发光！足够好先生，真的足够好！

诺贝尔奖群英谱
2019 年 诺贝尔化学奖
- 授予 -
约翰·古迪纳夫 / 1922–2023 美国物理学家
斯坦利·惠廷厄姆 / 1941– 英国化学家
吉野彰 / 1948– 日本化学家
表彰他们对于锂离子电池研发领域的贡献
THE NOBEL PRIZE
THE NOBEL PRIZE

# 第3讲

## 会导电的塑料

超市里，顾客们带着自己挑选的货物从容不迫地离开，没人排队，也不结账，超市员工竟然听之任之，不急不恼。

爸爸要出差。带手机了吗？嗯，叠好放在兜里了。带充电宝了吗？不需要，穿的衣服就能给手机充电。

在展览会上遇到一个超级聪明的家伙，简直无所不能，可它竟然是机器人！机器人不是应该铜头铁臂吗？怎么会有逼真的肌肉，还有柔软的皮肤……

这些并不是白日梦，而是我们未来的生活。种种神奇科技的背后，是一项诺贝尔奖的成果在熠熠闪光。

要不要告诉你呢？说真的有点儿担心，你认识了它以后，看到电线可不要害怕哟！

## 能导电的塑料

金属是可以导电的，电线里面的金属丝就是让电流通行的“高速公路”。而塑料对电就没这么友好了，它们对电“大门紧闭”，声称此路不通！塑料不可以导电。电线外面包裹着塑料，就是避免电跑出来，电到我们。

然而 2000 年，两个名字都叫“艾伦”的美国人和一个日本人，一起登上了诺贝尔奖的领奖台，他们因为发现和发展了导电聚合物而获得诺贝尔化学奖。

导电聚合物？这是什么？聚合物是人造的高分子材料，说得再通俗一点儿，就是塑料等材料，导电聚合物就是会导电的塑料。

### 阅读延伸

可以导电的东西叫作导体，不能导电的东西叫作绝缘体。还有一种物质叫半导体，导电能力介于导体和绝缘体之间：相比导体，它们导电能力不是太好；相比绝缘体，又可以让电通过一些。最常见的半导体材料就是硅。半导体是电脑、手机等电子产品不可缺少的元器件材料。

会导电的塑料？听起来就像会下蛋的公鸡一样不可思议。也是，要是不弄出点儿创新，也得不到诺贝尔奖吧。人人都知道，塑料是不能导电的，那么这一回，塑料是怎么解锁了导电这项新技能的呢？

## 听着像天方夜谭，诞生于一场意外

这绝对是一个意外，是一次失败的实验。

20 世纪 60 年代，化学家白川英树在日本的东京工业大学工作，他研究的是聚乙炔（quē）——一种黑色的粉末。一天，白川英树在与一位来自韩国的客座研究员一起做实验时，不知是他写错了剂量单位，还是研究员看错了，居然在实验中弄错了催化剂的用量，比正常整整高了 1 000 倍！

毫不意外，实验没有成功。他们没有得到预期中的黑色粉末，而是收获了一层亮闪闪、呈银色的薄膜状物质。别说，还真挺漂亮的！

不管怎么说，总是遇到了一种新东西，好歹也测试一下吧。白川英树望着这亮闪闪的、泛着金属光泽的“不速之客”，心里打起了小算盘。

白川英树首先测试了这种东西的导电性能，结果发现，这家伙的导电能力居然出奇地好，奇怪！这个实验就算跑偏了，可做出来的还是一种塑料啊！

歪打正着，一个粗心的失误居然让白川英树邂逅了能导电的塑料——聚乙炔膜，这是人类发现的第一种导电塑料。

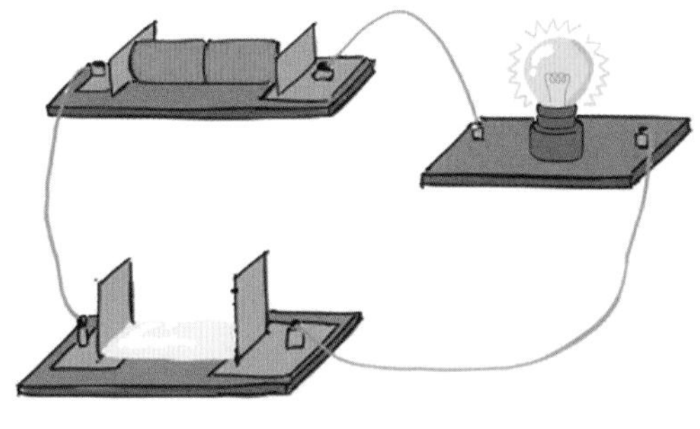

聚乙炔膜

## 我想看看那层亮亮的东西

1976 年，一个名叫艾伦 · 麦克迪尔米德的美国人来到日本，在学术圈里听说了白川在实验室的奇遇，立刻兴奋得两眼放光，赶紧表示十分想看看那层薄膜。见到白川英树后，经过一番交谈，他热情地向白川英树发出邀请：去美国和自己一起干。

为什么麦克迪尔米德会对白川英树这么感兴趣呢？原来，麦克迪尔米德是美国宾夕法尼亚大学化学系的教授，他在地球的另一端，已经苦苦寻觅塑料界的导体三年了。从 1973 年开始，麦克迪尔米德就研究聚氮化硫的导电性能，聚氮化硫正是一种塑料材料。两年后的 1975 年，另一位也叫艾伦的物理学家——艾伦 · 黑格加入了麦克迪尔米德的研究团队。

白川英树的加盟，使这个团队如虎添翼。他们不仅制造出能够导电的塑料材料，还对这类材料的分子结构和导电原因进行了研究，开启了导电聚合物研究的先河。

到 20 世纪 70 年代末，这项技术已经相当成熟。众人拾柴火焰高，随着更多研究者的加入，越来越多的导电塑料材料从实验室里冒了出来。

2000年，为表彰“白（川）雪皑（艾伦）皑（艾伦）组合”的贡献，白川英树和两位艾伦一起被授予诺贝尔化学奖。

## 干吗要“逼”塑料导电？

金银铜铁锡，还有铝镁钙锰钛……金属家族人才济济、猛将如云，而且人家天生就是很棒的电导体，导电性能很好，为什么还要费老大劲，让塑料也来跨界做导体呢？那么多金属还不够用吗？

金属有90多种，其中导电性能最好的金属是银，其次是铜和金。铝的导电性也不错，比前面几种金属差，但比铁强。生活中常见的不锈钢，导电能力就要差一些了。

俗话说“尺有所短，寸有所长”。金属的导电性能确实没的说，但是它们也有一些与生俱来的短板，其中最让人头疼的就是动不动就生锈。为了让它们能扛得住腐蚀性的环境，人们不得不给金属的表面刷上一层漆或者镀上一层膜。可这样一来，它们就不导电了。耐腐蚀的金属当然也有，但是都很贵，大部分场合用不起。在这方面，塑料就皮实多

了，导电塑料既能导电，又不怕腐蚀，就凭这一点，在很多领域，塑料成功地抢了金属的岗位。

金属的另一个缺点是太“耿直”，那真是宁折不弯。金属大都硬邦邦的，折几下就断，这也常常让人头疼，因为总有地方需要导体弯曲嘛。塑料就柔软多了，要弯要折都不怕，还可以做成透明的，真是太好用了！

现在非常热门的柔性屏幕就是导电塑料的灵活应用。我们看到的液晶屏幕、LED 屏幕，上面都有很多发光点。和团体操一样，屏幕上的发光点背后隐藏着一位掌控一切的“大导演”，那就是计算机。导线将这些发光点连接到计算机上，计算机统一指挥每个发光点，有的亮，有的暗，时时刻刻不停变化，就形成了我们看到的画面，生动又逼真，让我们看得目不转睛。

目前，世界上最薄的柔性屏幕是咱们中国人做出来，厚度只有 0.01 毫米，这个厚度仅仅是头发直径 1/5。这样的屏幕要是安装在手机上，由于它非常轻薄、耗电低，可以让手机有更长久的续航能力；它柔软抗压，砸一下、撞一下都没事儿，让手机更抗摔；它还能带来更舒适、逼真的使用手感。

柔性屏幕可以让手机做得像手表似的，直接戴在手腕上就出门了；可以让你的电脑键盘就像卷尺一样，要用的时候拉出来，不用的时候卷回去，带到哪里都方便；还可以让你家里占地方的大屏幕电

视，想看的时候屏幕伸出来，不用的时候乖乖缩回电视柜里。

除了做成柔性屏幕，导电塑料还有很多厉害的应用，最简单、最实用的莫过于塑料 RFID 标签了。RFID 是射频识别技术的简称，其实就是“隔空测物”，也就是说，无须接触，检测器离着一定距离，就能读取标签上的信息。如果超市的商品都贴了 RFID 标签，在超市的出口安装检测器，那么顾客推着满满一购物车商品走过检测器，数秒钟内，商品的总价格就显示出来了，直接从消费者的银行账户上扣款就行。顾客再不用焦急地排长队，等着收银员一样一样扫描结账了。

太阳能一直是人类心心念念、想加以利用的清洁能源，可现实中能用太阳能的地方并不多。这是因为太阳能电池板体积巨大，而且传统的硅太阳能电池板太贵了，也就是计算器、电

阅读延伸

中国是世界上最大的手机生产国。2014 年，中国一家企业发布了全球最薄彩色柔性显示屏，引起了全世界的关注和认可。2017 年，另一家中国企业宣布柔性显示屏正式量产，并首先供货给中国手机企业。

子表这种小玩意儿能用。要是把导电塑料膜做成太阳能电池，那能用的地方可太多了！导电塑料电池可以非常薄，甚至能像油漆一样“刷”在建筑物外墙上，给千家万户供电，那将会省下很大一笔电费。如果能做成色彩丰富的“染料”用到衣服上，我们随身携带的平板电脑、手机就不愁没电了。

导电塑料还能应用在机器人仿真和医疗领域。科学家通过在导电塑料薄膜上涂上一层可以感应压力的感压橡胶，做成了机器人的皮肤，让机器人拥有了触觉。科学家还在研制肌肉，以后的机器人就不会呆头呆脑了，动作会很灵活，越来越像真人。

很神奇，很美妙，是不是？导电塑料的用处多着呢！只有想不到，没有办不到。那么，你想用会导电的塑料做点儿什么呢？

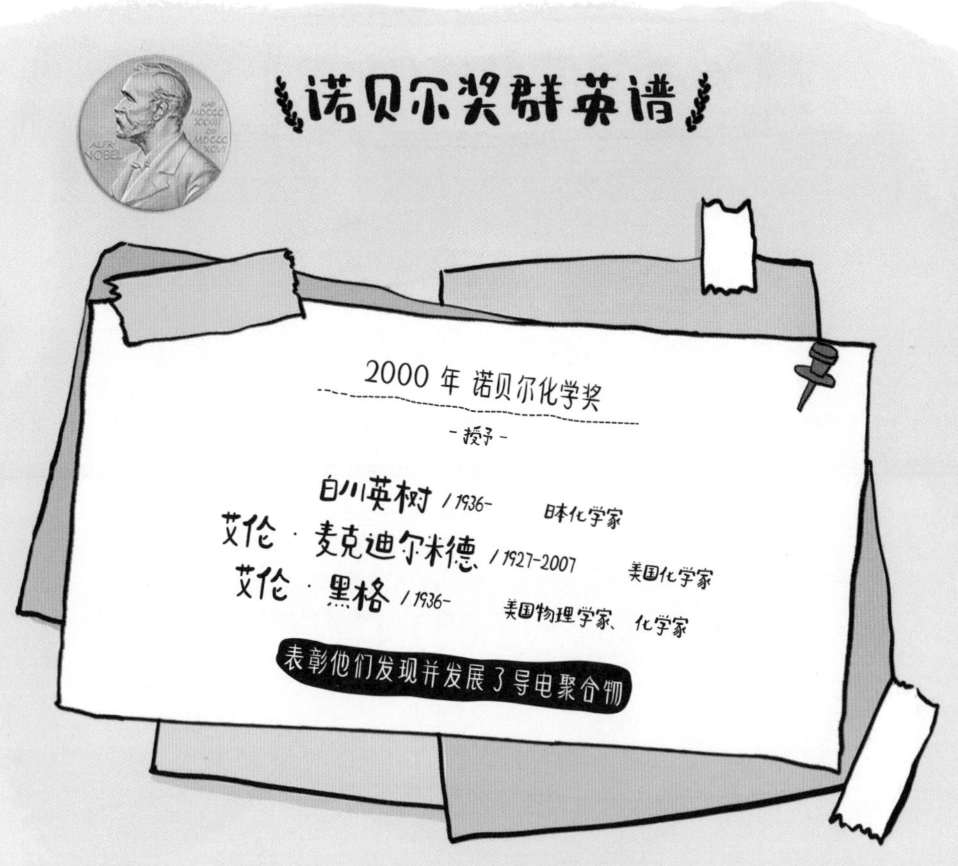

诺贝尔奖群英谱
2000 年 诺贝尔化学奖
-授予-
白川英树 / 1936- 日本化学家
艾伦·麦克迪尔米德 / 1927-2007 美国化学家
艾伦·黑格 / 1936- 美国物理学家、化学家
表彰他们发现并发展了导电聚合物

# 你不知道的诺贝尔奖

## 诺贝尔奖奖金

1896年，阿尔弗雷德·诺贝尔去世，留下了他的大部分财产——超过3 100万瑞典克朗。这笔钱转换成基金，投资于“安全证券”，投资所得将“每年以奖金的形式授予前一年为人类福祉做出巨大贡献的人”。这就是诺贝尔奖奖金的由来。2022年诺贝尔奖的奖金金额为1 000万瑞典克朗（约合600多万人民币）。

# 第4讲

## 分子机器：化学大顽童的乐高

这是一个名副其实的诺贝尔化学奖，颁给了几个在分子的世界里任性搭“乐高”的“大顽童”。

他们搭的“乐高”，比你在任何玩具店里看到的都酷炫，形状更是超乎你的想象。

想不想弄一套来玩玩？玩具店里的商品，一般会用年龄表示难度，比如3+、8+、12+、16+……嗯，这种“乐高”嘛，至少是40+。

要问化学家们为啥要搭这种“乐高”呢？他们就是图一乐儿，真的！就是好玩。目前，这些东西真的没啥用。不过以后，可就不好说了。也许，未来有一天，这些东西能给人治病呢！

## 分子机器

分子是构成物质的一种微观粒子，分子一般都很小，直径从 0.1 纳米到 1 纳米。纳米和你熟悉的厘米、毫米一样，也是一种长度单位，只不过比厘米、毫米小多了，1 纳米等于 0.000 000 001 米，就是 1 米的十亿分之一。头发够细吧？告诉你吧，头发的直径约等于 50 000 纳米。可见，分子有多小啊！



什么是分子机器呢？——你可以理解为用分子或原子叠叠搭搭、堆堆码码做成的超酷“乐高”。和你的乐高做好了只能摆在柜子里给人看不同，化学大顽童的“乐高”，既然称为机器，那么它们起码要能做一点儿实实在在的事情。搬运、打包、灌装、清洗……嗯，这些技能它们都没有。对于分子这样的小不点儿，我们可以把标准适当放宽一

点儿，它们呀，可以旋转、折叠，或者做定向移动。

千万别小瞧这些运动，你不知道，想让分子扮演一块块安分守己、任劳任怨的积木，有多不容易！它们太闹腾、太调皮了，完全不配合！

分子不安分，它们个个都喜欢招惹同伴——分子之间存在一种相互作用力，叫作范德瓦耳斯力。两个分子如果离得近了，它们就互相推一把；如果离得远了，它们就互相拉一把。你说怎么这么不让人省心呢？

分子不老实，它们时时刻刻都在动，这种运动叫分子的热运动，温度越高，分子运动就越激烈。你别以为，分子这种热运动就是抠抠鼻子、揉揉眼睛之类的小动作。做热运动的分子，一秒就能蹿出去上百米，动来动去，没一刻消停，简直能把人逼疯！

没错！从推推搡搡到拉拉扯扯，从蹦蹦跳跳到疯疯癫癫，分子都占全了！用这玩意儿搭“乐高”，难度不亚于让你在 7 级大风里做拼贴画，让鱼在翻江倒海的浪涛里叠罗汉。

20 世纪，人类一方面为了提高生产效率，造出了更高更大的大型机器；一方面为了满足某些需要，把机器不断缩小，甚至微型化。可大有大的极限，小有小的尽头。机器小到一定程度，总会遇到瓶颈，而还有更精细、更微小的工作环境需要机器。于是，有科学家想到了，用分子造机器。

诺贝尔物理学奖获得者理查德 · 费曼曾在一次演讲中说过这样一段话：

“我们可以用分子设计我们熟悉的所有机器。而且 25 到 30 年内，这种分子机器就会取得实际运用，但最先用的是什么机器，我不知道。”

也许在世人眼里，费曼的话就是大胆畅想，是天方夜谭，是云里雾里地画的好大一张饼，可在一部分科学家眼中——

## 这张饼已经烙出来了

1983 年，法国化学家让 - 皮埃尔 · 索维奇在他的实验室里合成了一种叫作“索烃”的分子结构，这种分子结构看上去很像我们常见的锁链。索烃是由多个小环组成，你套着我，我圈着你。小环是什么呢？小环是由一些原子组成的，像一串不怎么美丽的珍珠项链。

你也许有点儿失望，这么一串锁链就能称之为“机器”吗？那我拿橡皮泥或者纸黏土做一串锁链，能不能叫“机器”，能不能拿诺贝尔奖？这你就不知道了，索烃有一个非常神奇的特点，就是那些小环会互相影响，彼此带动。只要我们能够控

不同形式的索烃

制其中一个环的运动，就可以控制整个分子的运动。有了这个本事，科学家们就可以制造分子机器。可以说，索维奇的成功，迈出了制造分子机器的第一步。

在接下来的几十年里，尽管发展速度不算很快，但分子机器的研究一直在向前推进。

英国化学家弗雷泽·司徒塔特做出一种叫作“轮烷”的分子结构。这个轮烷就更好玩了！它是在一个长得像哑铃的线性分子上，套了一个环状分子，在得到能量后，环状分子还能绕着线性分子转动。这个景象你不觉得眼熟吗？我们熟悉的机器不就是这样的吗？比方说汽车，一踩油门，轮子就转起来了。

分子机器和我们日常见到的机器不同，使用的能源也不同。在轮烷基础上，发明出来的分子汽车、分子起重机、分子电梯用的能源既不是汽油，也不是电，而是光能或化学能。

1999 年，荷兰化学家伯纳德·费林加制造出了世界上第一个能够依靠光能持续朝一个

司徒塔特带领他的研究团队还分别在2004年和2005年做出可以上升0.7纳米的分子电梯和可以弯折黄金薄片的分子肌肉。

方向转动的分子马达或者叫分子发动机。这个小宝贝人小志气大，竟然能带动比它自身大10 000倍的28微米长的玻璃杯转动！

正因为在分子机器研究中的先驱性工作，索维奇、司徒塔特和费林加共同获得了2016年诺贝尔化学奖。

一百多年前，身为化学家兼工程师的诺贝尔设立了包括化学奖在内的诺贝尔奖。可他自己肯定没想到，一百年后，随着化学这门学科的发展，它的边界越来越不清晰，和物理学、生物学多有融合，互相渗透。以至于近些年的诺贝尔化学奖竟然也像分子那样“动来动去”，有时奖给物理学家，有时颁给生物学家，渐渐被人戏称为“诺贝尔理综奖”。而2016年的诺贝尔化学奖终于授予了化学的基础研究，是一届名副其实的化学奖。然而，人们的疑问也随之而来，这些酷炫的分子机器到底有什么用？

## 是鸡肋，还是机会？

到目前为止，分子机器真的是百无一用，化学家们做出奥运五环形状的索烃，或是形状更复杂的环套环、层层叠叠的索烃，你可以说他们是挑战自我，也可以说做出来给大家开开眼，但真的一点儿实用价值都没有！

当年，著名的英国物理学家法拉第制造出了世界上第一台直流发电机，他在英国皇家学会报告自己的成果时，有人问他："这个东西有什么用？"他反问："新生的婴儿有什么用？"英国的财政大臣也问过法拉第，他发现的电磁感应定律能用来做什么。法拉第回答说："总有一天，您可以对它收税的，大人！"可不是嘛，现如今，我们谁能离得开电呢？尽管现在发电用的发电机并不是法拉第发明的那一种，但又有谁能否定他的奠基性贡献呢！百年前，莱特兄弟试飞了第一架飞机后，也有人不解地提问：我们为什么需要一个会飞的大家伙？不光是分子机器，很多科技成果在诞生之初，都看不出什么用处。

分子机器现在同样处于基础研究阶段。但在未来，分子机器的应用前景是不可限量的，它有希望用于更精准的疾病检测、药物输送、超高密度信息存储、能量存储、新材料以及传感器等众多领域。而且，自然界就有一些生物杰作可以作为开发分子机器人的范本和目标，比如说我们的免疫细胞可以识别入侵

### 阅读延伸

分子剪刀是一种很有意思的分子机器，它由日本科学家在2007年合成出来。分子剪刀仅3纳米长，但与真正的剪刀一样，也由枢轴、手柄和刀片组成。虽然有手柄，但操控它的不是手，而是光——可见光照上去，剪刀会打开；紫外线照上去，剪刀就会合上。

的细菌并消灭它，血红蛋白细胞可以运输氧气。现在就有科学家在研究可以识别并摧毁癌细胞的分子机器，以及可以在人体内精准投送药物的分子机器。

也许，在不久的将来，有些病不再需要通过吃药治疗，病人把一个分子机器放进身体里，分子机器可以神奇地就地取材——用人体里的生物化学原料，合成出一种有效的药物把疾病治愈。

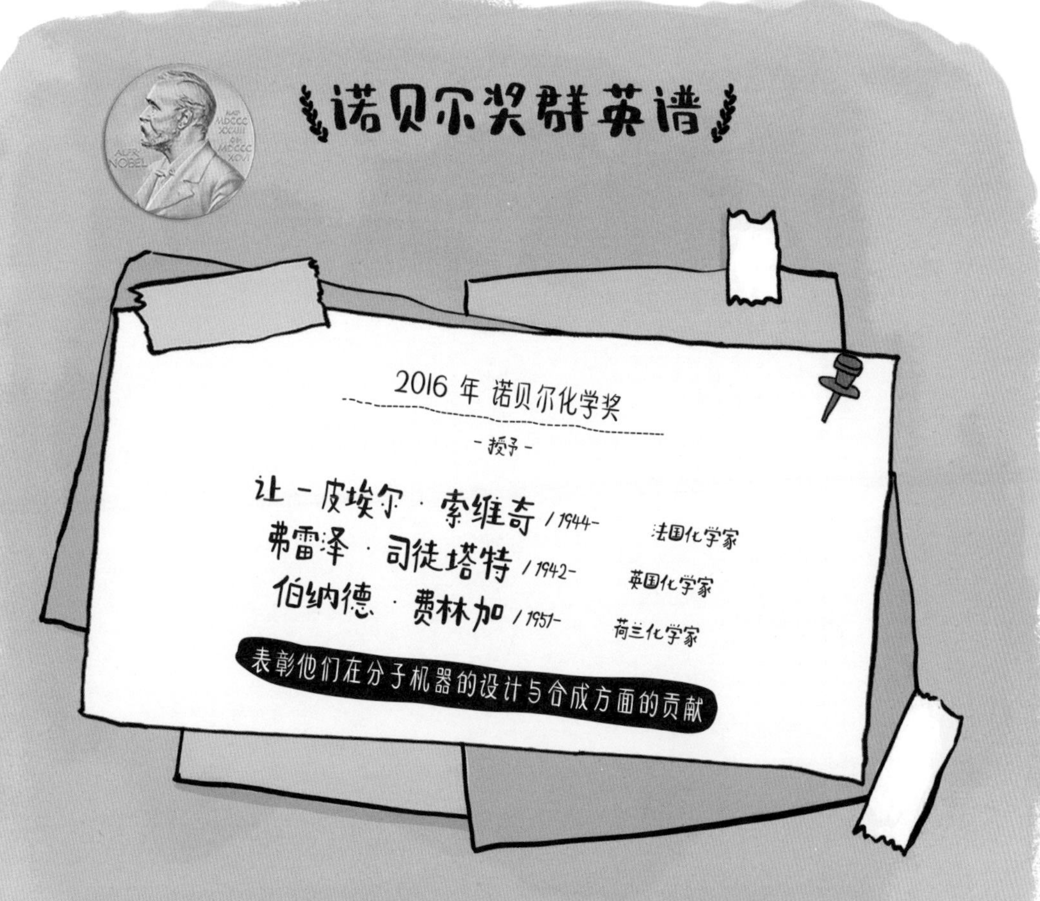

诺贝尔奖群英谱
2016 年 诺贝尔化学奖
- 授予 -
让-皮埃尔·索维奇 / 1944- 法国化学家
弗雷泽·司徒塔特 / 1942- 英国化学家
伯纳德·费林加 / 1951- 荷兰化学家
表彰他们在分子机器的设计与合成方面的贡献

博物馆
听见没?原子弹!
还不快跑!

# 碳-14：我是怎么让文物暴露年龄的?

这一篇，我们来回答一个疑问——

人面鱼纹彩陶盆，距今约 6 000 年；

C 形玉龙，距今约 5 000 年；

良渚玉琮王，距今约 5 100 年；

殷墟甲骨文，距今 3 600 多年；

…………

每每在书上看到这些，你有没有好奇过，怎么知道这些文物距今多少年的？不会是它们身上都刻着制作年代吧？要么是连“说明书”一起出土的？难不成每件文物还都自带“身份证”？

当然不可能！考古学家们能断定这些文物“高寿几何”是因为他们掌握了一种特殊的科学方法——碳 -14 年代测定。说出来你还别不信：发明这个方法的人，从来没想过挖文物，倒是想过造原子弹。

## 年轻的物理化学家

1942 年，第二次世界大战激战正酣时，为了加速战争的进程，掌握撒手锏，美国政府启动了代号“曼哈顿计划”的原子弹研制工程。全美国，乃至除了德国以外的整个西方世界最优秀的科学家都被调动起来了，30 多岁的大学化学系教师威拉得·弗兰克·利比也参与到了这项工作中。他的主要任务是研究如何浓缩铀。

制造原子弹的主要材料之一是化学元素铀。然而，并不是自然界中所有的铀都能用来制造原子弹，能够制造原子弹的是铀的同位素铀 -235。在天然铀矿中，铀 -235 的含量只有可怜的 0.72%，这根本造不出原子弹。要想制造原子弹，铀 -235 的含量要达到 90% 以上。

那么，就像为了穿一条项链，在一

### 阅读延伸

原子由原子核和电子组成，原子核由质子和中子组成。我们把质子数相同的原子核称为同一种元素，比如有 6 个质子的是碳元素，有 92 个质子的是铀元素。如果原子核中质子数相同，中子数不同，那我们就说它们是同位素。

大片参差不齐的珍珠中挑出又大又圆的那样，把天然铀矿中的铀-235都给挑出来放在一起，行不行呀？——思路是对的！但肯定不能用手一个一个去挑。科学家们要想出更具技术含量的办法把铀矿中的铀-235分离出来，这个过程就叫浓缩铀。利比干的就是这件事。他在浓缩铀领域做出了挺大的贡献，和其他人一起发明的气体扩散法，到现在还是浓缩铀的主要方法之一。利比也因此闻名世界。

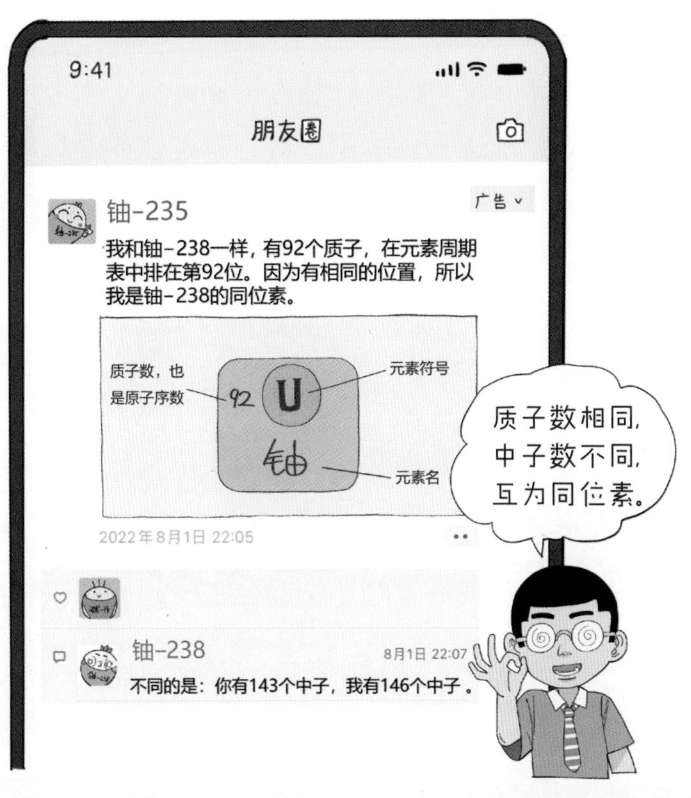

第二次世界大战结束后，利比进入芝加哥大学继续从事科学研究。很快，他就又在碳-14的研究中取得建树，提出了碳-14年代测定。虽然他是一位化学家，但他的这项成果墙里开花墙外香，在考古学、地质学、地球物理学等领域大有用武之地，屡建奇功！他还因此获得了1960年的诺贝尔化学奖。

碳-14到底是什么？它跟考古有什么关系？

## 碳家小弟

碳，作为一种化学元素，广泛存在于地球的各个角落，空气里有，砂石里有，土壤里有，水里还有，就连你我的身体里也有。碳是宇宙中含量排第4的元素，在它前头的是氢元素、氦元素和氧元素。

“卖炭翁，伐薪烧炭南山中……”你背的《卖炭翁》里说的老翁卖的炭，主要成分就是碳。古人冬季在屋里烧炭取暖，也用炭生火做饭。因此，人类对碳的认识也由来已久。中国人更是很早就知道，在炼铁的时候，加入一些炭，可以提高铁的强度；将木炭和硫黄、硝石按一定的比例混合在一起，可以制成黑色火药。

碳元素是一个大家庭，有 15 种同位素。我们最熟悉的同位素，是 6 个质子、6 个中子的碳-12，除此以外，碳家族还有 6 个质子、2 个中子的碳-8，有 6 个质子、7 个中子的碳-13……以及有 6 个质子、16 个中子的碳-22。其中有 8 个中子、质量数为 14 的同位素就是我们说的碳-14。虽说人类很早就认识了碳，却一直不知道碳家族中还有个神隐的“老十四”。

1939 年，科学家在自然界中发现了碳-14 的踪迹。第二年，美国科学家马丁·卡门和山姆·鲁宾在实验室中也找到了它。这事儿距离现在还不到 100 年，可以说，碳-14 是碳家族姗姗来迟的新成员，与众不同的小老弟。

## 小老弟有大能耐

碳 -14 和它的“大哥”碳 -12 一样，可以牵手氧气组成二氧化碳，可以通过植物的光合作用进入生物体内。和“大哥”不同的是，碳 -14 原子具有放射性，它的一个中子变成质子，放出一个电子，把自己变成氮原子。它放射性衰变的半衰期为 5 730 年。也就是说每过 5 730 年，就有一半的碳 -14 消失。好家伙，这么长的半衰期！要知道，它的“兄弟”们，半衰期大多是以秒为单位的。超长半衰期让碳 -14 脱颖而出了。

碳 -14 可以吃，你还吃过呢！你每天吃的蔬菜、水果里都含有碳 -14。因为大气中就含有碳 -14 呀，碳 -14 又很容易与空气中的氧气化合生成二氧化碳 -14，混入普通二氧化碳中，而这些二氧化碳 -14 又会通过植物的光合作用进入植物体内，比如黄瓜、茄子之类的，你吃的时候自然就把碳-14吃到你的身体里了。当然，要是二氧化碳-14进入草中，而草又被牛羊吃了，那么牛羊的身体里就也有碳-14了。因此，碳家小弟深藏不露，无论是动物、植物还是我们人类，身体里都潜伏着碳-14。

可一旦死亡，植物就不再进行光合作用了，人和动物也不会再吃东西，动植物和人类体内就不再有机会摄入碳了。这对

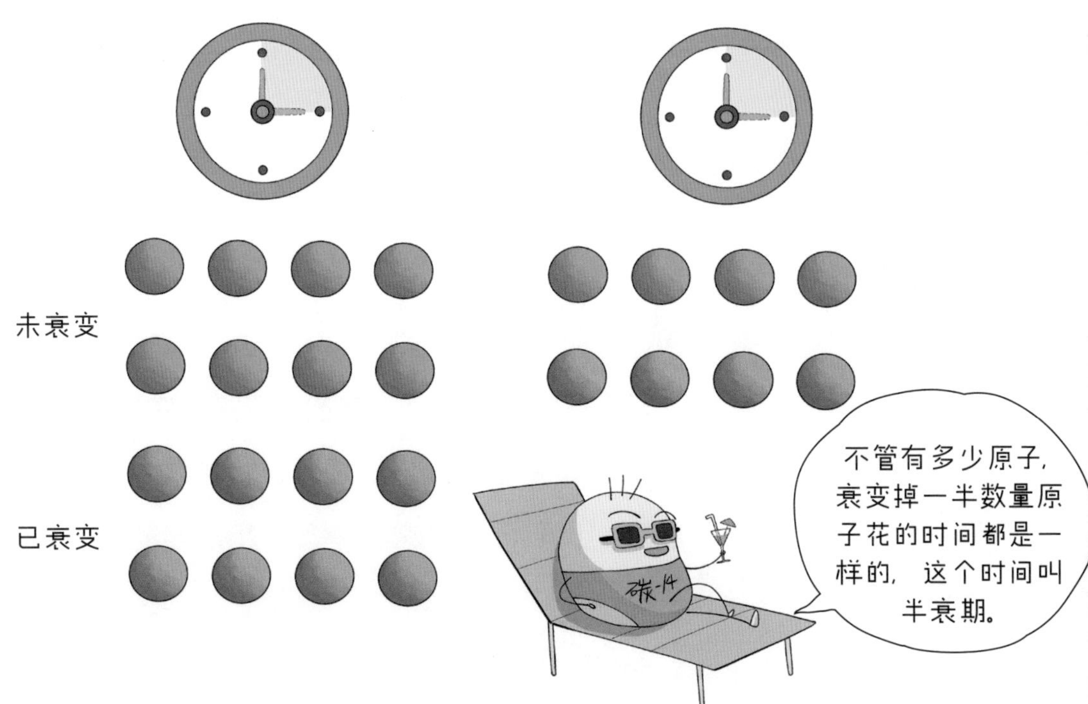

体内的碳 -12 没有影响，死的时候体内有多少碳 -12，多少年后还是那么多。但碳 -14 就不是这样了，因为它不稳定呀，会发生放射性衰变。掌握了这个规律，只要我们精确测出古代木料、动物骨骼、化石或残渣中碳 -14 减少的程度，就能确定这些动植物死亡的年代，当然也就知道它们生活在什么年代了。这就是碳 -14 年代测定。

在没有碳 -14 年代测定的时候，考古学家要确定一件文物的年代，只能根据这件文物的样子和古书中的记载大致估计，比如三星堆遗址在 20 世纪 20 年代被发现时，考古学家判断是商代的，但具体是商代的什么时期就不得而知了。有了碳 -14 年代测定，考古学家可以推算每一件文物的年代。2021 年，考古学家把在三星堆祭祀坑提取的样品送到北京大学做碳 -14 年代测定，得出的结论是：三星堆祭祀坑的年代在公元前 1131—前1012 年，属于商代晚期。

碳 -14 就是这样让不会开口说话的文物自己“暴露年龄”的。而且碳 -14 这把会穿越时空的“尺子”超级长！通常来说，利用碳 -14 年代测定，我们可以检测距今 5 万年以内的年代。

## 看！它们是这样的

碳 -14 不仅在考古界大显神威，还能在科学研究中充当“带路人”。

普通的原子，我们看不见，然而像碳 -14 这样具有放射性的原子，科学家借助特殊的仪器，还是很容易看到的。想一想！这能有什么用？

假如你是一个昆虫迷，你非常想了解昆虫在夜晚的活动，该怎么办呢？晚上黑漆漆的，你根本看都看不到它们呀。可如果这些小虫子中，混入了和其他虫子习性一样但会发光的虫子，那就不一样了。虫子们是喜欢躲藏在草叶上大吃大喝，还是雷打不动地聚集在水边活动，通过那些会发光的虫子，你总能看得到。

由于具有放射性，我们的碳 -14 就像那些会发光的虫子，会把其他原子的活动透露给对化学反应的详细过程怀有好奇心的科学家们：看！它们是这样的。

在研究物质的化学反应的时候，科学家们可以利用具有放射性的碳 -14，去观察这个原子参加了什么样的化学反应，生成了怎样的化合物，一睹化学反应进行的过程和方向。像碳 -14 这样，能帮我们跟踪化学反应的原子，叫作示踪原子。

## 阅读延伸

碳 -14 还被用于检查幽门螺杆菌感染。幽门螺杆菌在胃里会制造一种酶，可以分解尿素产生二氧化碳。利用这个性质，医生会先给你吃一些含有碳 -14 的尿素，经过一段时间，测量你呼出的二氧化碳中碳 -14 的含量。如果这个含量远高于正常水平，说明你吃到胃里的尿素被快速分解，已感染了幽门螺杆菌。

在生物学、医学、工业、农业上，示踪原子都有很大的用处。

美国生物化学家梅尔文 · 卡尔文曾做过一个著名的实验，他让碳 -14 充当示踪原子，搞清楚了植物光合作用那一大串极其复杂的化学反应，为人类揭开了自然界不为人知的秘密，因此获得了 1961 年的诺贝尔化学奖，只比利比晚了一年。连续两年，都有科学家因为对碳 -14 的研究而获得诺贝尔奖，这也是诺贝尔奖历史上的一段佳话。

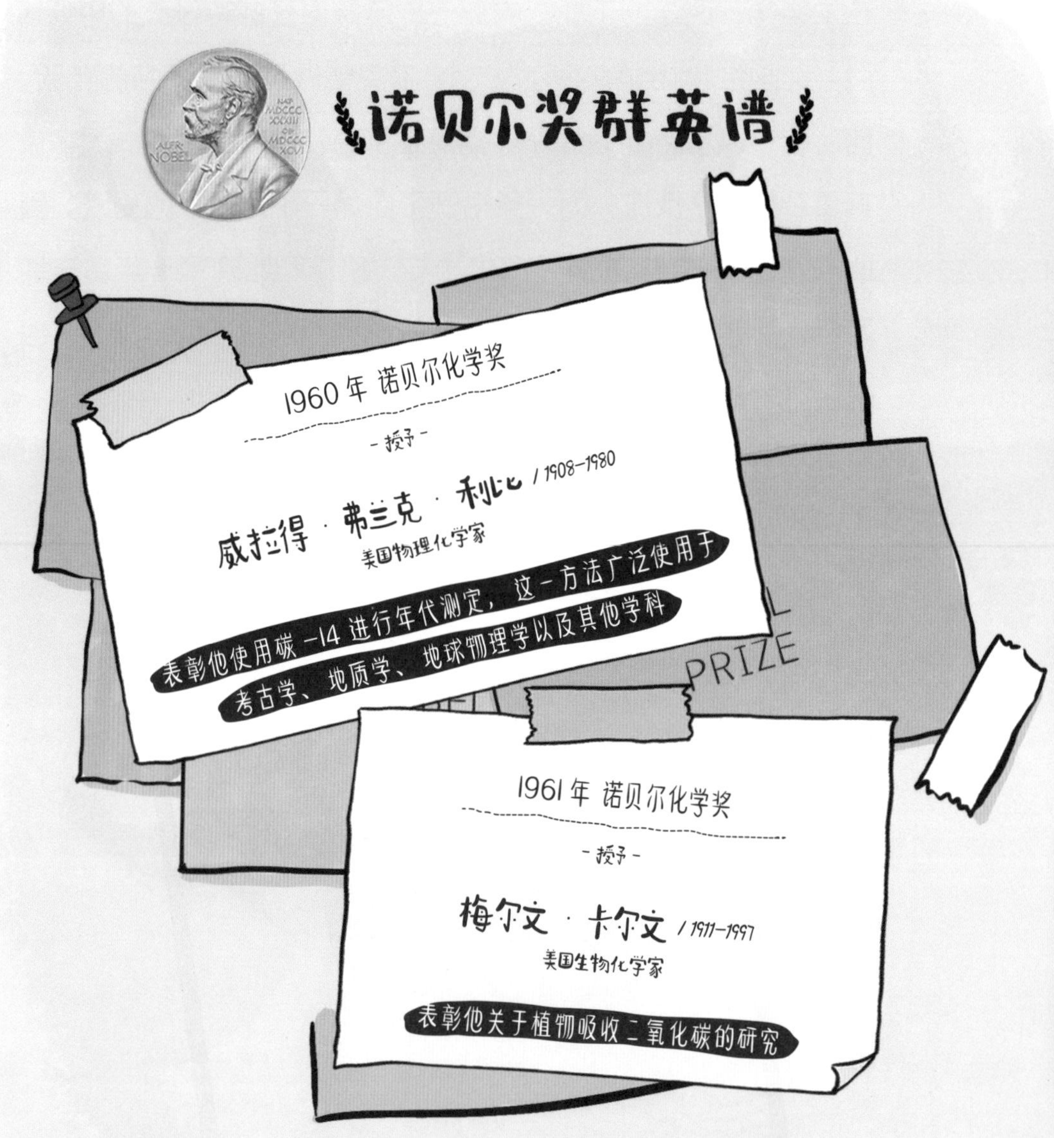

诺贝尔奖群英谱
1960 年 诺贝尔化学奖
- 授予 -
威拉得 · 弗兰克 · 利比 / 1908–1980
美国物理化学家
表彰他使用碳 -14 进行年代测定，这一方法广泛使用于考古学、地质学、地球物理学以及其他学科
PRIZE
1961 年 诺贝尔化学奖
- 授予 -
梅尔文 · 卡尔文 / 1911–1997
美国生物化学家
表彰他关于植物吸收二氧化碳的研究

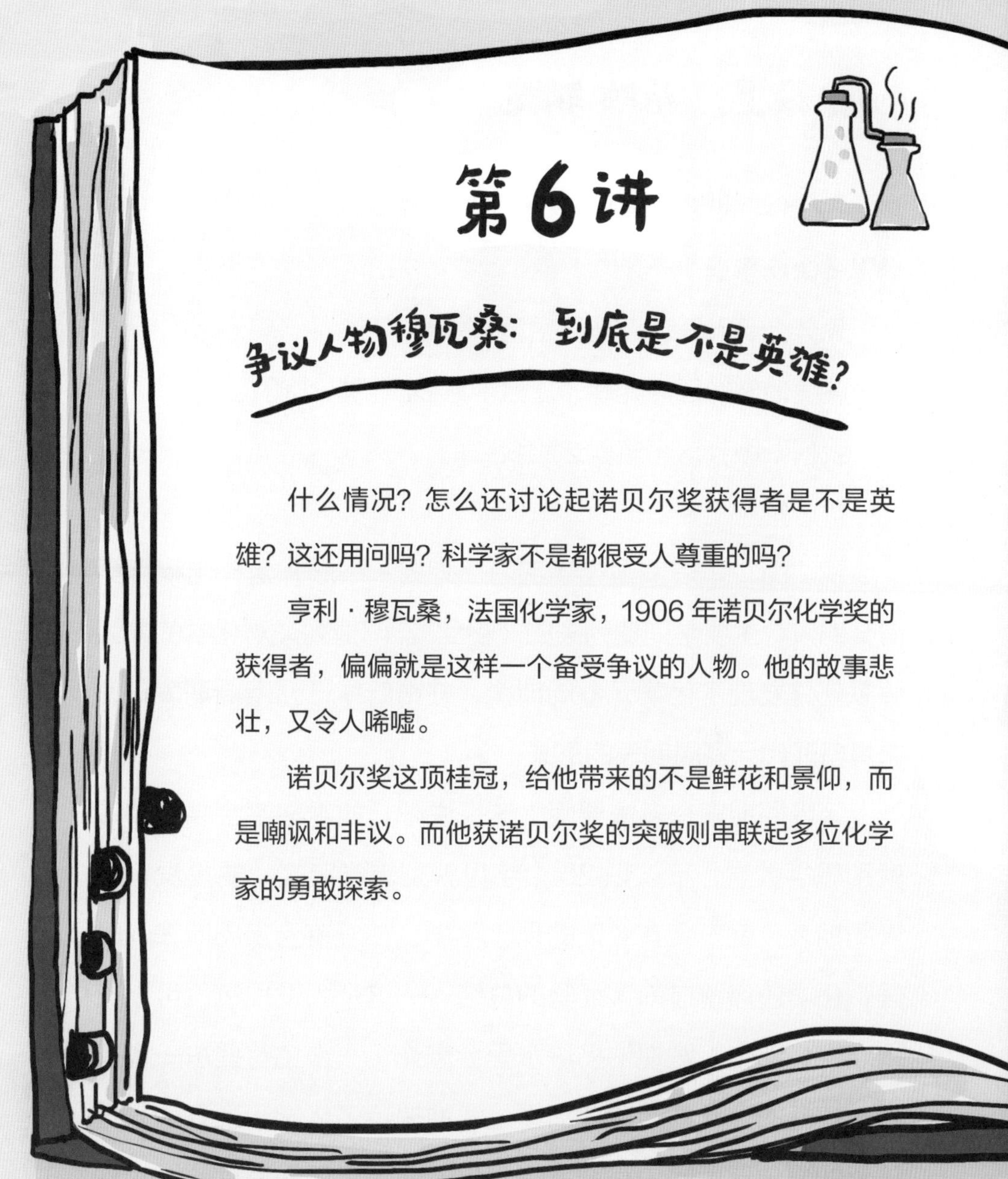

# 第6讲

## 争议人物穆瓦桑：到底是不是英雄？

什么情况？怎么还讨论起诺贝尔奖获得者是不是英雄？这还用问吗？科学家不是都很受人尊重的吗？

亨利 · 穆瓦桑，法国化学家，1906 年诺贝尔化学奖的获得者，偏偏就是这样一个备受争议的人物。他的故事悲壮，又令人唏嘘。

诺贝尔奖这顶桂冠，给他带来的不是鲜花和景仰，而是嘲讽和非议。而他获诺贝尔奖的突破则串联起多位化学家的勇敢探索。

## 前脚获奖，后脚躺枪

1906 年的诺贝尔化学奖授予穆瓦桑，这个消息一经公布科学界就像炸了锅。

凭什么呀？凭什么把奖给穆瓦桑呀？

就凭他做的那点儿事？怎么能跟我“门”比呀！

我们不服！这个奖就该给我“门”。

…………

我“门”是指俄国化学家门捷列夫，不服并且抨击穆瓦桑得奖的人，主要是门捷列夫的“粉丝”。门捷列夫对化学的最大贡献就是发现了化学元素周期律，并重新修订元素周期表，使之具备现代元素周期表的形式。

元素周期表有多重要呢？这么说吧，如果你不会乘法口诀就别想学数学，不认识 26 个字母就别想学英文，要是没有元素周期表，就不会有今天的现代化学。在没有元素周期表的时候，化学还停留在前人经验的总结——这个人发现氧气可以支持燃烧，那个人发现钠扔进水里会爆炸……未免有些东一榔头西一棒槌的。元素周期表高屋建瓴地揭示了化学元素各种光怪陆离的现象背后的内在联系，不仅如此，它还为后续原子物理

学的发展，以及新元素的发现架桥铺路，发挥指路明灯的作用。你说这个表厉害不厉害？等你学了化学就知道了，只要是化学方面的书，都会附带一张元素周期表，那可是学化学的必备神器，没它真不行！

做出这么了不起的贡献，按说该得个诺贝尔奖啊。事实上，门捷列夫确实也是1906年诺贝尔化学奖的热门人选。不过最终，在与穆瓦桑的竞争中，门捷列夫惜败。1906年的诺贝尔化学奖给了穆瓦桑。

千里马常有，可惜伯乐不常有。伯乐不常有，好在诺贝尔奖年年有。到了1907年，“门粉”们都觉得，今年的诺贝尔化学奖非我“门”莫属！谁知，造化弄人，1907年2月2日，一代宗师门捷列夫溘然长逝，固定在每年10月颁发的诺贝尔奖永远地与元素周期表无缘了。

在这种巨大的失落和遗憾中，人们，尤其是铁杆“门粉”

们把矛头指向了得奖的穆瓦桑，认为他的贡献无法和门捷列夫相提并论，他根本不配获得 1906 年的诺贝尔化学奖。甚至有人愤愤地说：穆瓦桑用一颗钻石“偷走”了本该属于门捷列夫、属于元素周期表的诺贝尔奖。

事实是这样的吗？穆瓦桑获得 1906 年诺贝尔化学奖的原因是成功制备出氟单质并发明穆式电炉。那这个贡献又是什么分量的呢？

阅读延伸

穆瓦桑被人质疑的另一个原因是人造钻石。穆瓦桑用他发明的穆式电炉完成了人造钻石的壮举。穆瓦桑死后，他的助手坦诚：自己受不了无休无止地重复这个实验，背着穆瓦桑买了一块小钻石放进炉子。虽说实验有假，但穆瓦桑并不知情。

## 假如他们在一起打牌

在诺贝尔奖的历史上，共有 5 位科学家因为发现或制备了新的化学元素而获得诺贝尔奖。让我们展开想象：假如，他们神奇穿越到同一个时空，并且一起打牌，他们能出的牌，刚好就是自己发现的元素，那将会是怎样一番场景呢？

美国化学家埃德温·麦克米伦和菲力普·艾贝尔森首先出牌："我出镎！"

居里夫人说："出单牌太没劲！我出镭和钋。"

"也没什么了不起！"英国人威廉·拉姆齐坐不住了，"我出5张，同花顺！"他发现了一串惰性元素——氖、氩、氪、氙和氡，齐齐整整排在元素周期表的最右边一列，说是"同花顺"，没毛病。

美国人格伦·西博格不服气，一下甩出10张，说："管上！我也出顺儿——10个超铀元素！"

全场鸦雀无声之际，穆瓦桑慢悠悠地放下手里唯一的牌：氟。

众人面面相觑，就这？

穆瓦桑，你开什么玩笑？还好意思出

单牌？再说你要搞清楚，我们都是发现新元素，你仅仅是制备出纯净的氟，分量不一样，好不好？

穆瓦桑平静地说：这张是“王炸”！

## 化学元素界的孙猴子

氟，元素周期表上的第 9 号元素。

它是所有元素中化学性质最活泼的那一个。

这话怎么理解呢？在化学元素界，要说氟的结合能力是第二的话，那没人敢称第一。

要是它见了硫——敬个礼，握握手，咱俩就是六氟化硫（$SF_6$）。

要是它和钠不期而遇——远方的客人请你留下来，咱俩结伴叫作氟化钠（NaF）。

就连顶顶傲娇，看谁都懒得搭理，独来独往，平生只想享受孤独的惰性元素，作为神级社交达人的氟，都有本事让对方慢吞吞、羞答答地伸出小手。

对于氟来说，社交恐惧症？不存在

的！氟什么都会，就是不会自己一个人待着。

因此，科学家们想要分离或者制备出单质氟，那真是难于上青天！在《西游记》里，十万天兵天将尚且捉不住孙悟空。氟就是化学元素界的孙悟空，它的发现历程持续时间最长，参与化学家最多，还一个一个败下阵来。为什么？

就是因为氟最为活泼，还因为它是气体，而且有剧毒！

氟，不啻是化学家的夺命符！

## 漫漫降“氟”路

1810—1813 年，法国科学家安培和英国化学家戴维保持书信往来。安培在信里告诉戴维，氢氟酸中有一种新的化学元素，安培给它取名叫“氟”。在研究氟的实验中，氟化氢的腐蚀性造成仪器泄漏，戴维不慎吸入大量有毒的氟化氢气体，肺和眼睛都严重受损。“拼命三郎”戴维是个做实验不要命的主儿，就此罢手是不可能的。此时，聪明好学、勤快又有心的书店小工迈克尔 · 法拉第走进了戴维的实验室继续他的研究。在戴维的指导下，法拉第成长为那个时代最伟大的科学家之一。在化学方面建树颇丰的戴维晚年多次说：我这辈子最大的发现，就是发现了法拉第。

戴维、盖 - 吕萨克、唐纳德、法拉第等一大批名垂青史的化学家都曾试图制备出纯净的氟，但都没有成功。

诺克斯兄弟为了分离出氟，两人一死一伤。

比利时人鲁耶特不避艰险，多次重复诺克斯兄弟的实验。虽然他采取了一定的防护措施，但还是中毒而亡，年仅 32 岁。

同样，法国化学家杰罗姆 · 尼克尔在追踪氟的过程中，不幸去世。

日常生活中能见到的含氟最多的物品就是不粘锅。不粘锅表面的特氟龙涂层中含有氟，不过不用担心，特氟龙的化学性质非常稳定，常规烹饪不会让你中毒。空调、冰箱里的制冷剂也含氟，它们叫氟利昂。

很长一段时间里，化学家们把氟称为“死神元素”，闻之色变。就在化学家们都因为氟的桀骜不驯、狠辣无情而一筹莫展的时候，穆瓦桑出现了。

穆瓦桑是法国自然博物馆馆长、化学家弗雷米的学生。弗雷米也多次试图制备出纯净的氟，但始终没能成功。

同行们殉难的消息不绝于耳，老师的失败又近在眼前。可这些并没有吓倒穆瓦桑，反倒激发了他的昂扬斗志，他把自己的目标锁定在这个有最高难度系数和危险指数的工作——制备氟单质。

## 成功的牌子挂在地狱门口

1885 年，穆瓦桑开始向分离氟发起冲击。

他首先研究了所有关于氟的论文和书籍，认真总结前人的经验和教训，设计出了自己的实验方案，然而，进入实验室实施，结果依旧是失败。没成功，就再来！最终，穆瓦桑选择了在低温下用电解的方法来制备氟的单质。

这次成功了？没那么顺利！氟的化学性质实在太活泼了，哪里是能轻易束手就擒的？之前，那么多化学家赔上自己的性命都没能成功，穆瓦桑也不比他们幸运多少，鬼门关前常做客。

据说有一次，穆瓦桑在实验室工作时，有毒气体噗噗地泄漏。他凭借无比顽强的意志力，在自己晕倒前关闭了电源。昏迷前，一个念头飘过他的脑际："难道我也会和之前的化学家一样，死在氟的手里吗？"

正是这次毒气泄漏让穆瓦桑知道，自己的思路是正确的。之后穆瓦桑的实验取得了成功。这一年是 1886 年。

历经 100 多年，"死神元素"氟的单质终于被制备出来了！这是一段可歌可泣的历史，很多化学家献出了自己的生命，传承了人类勇敢无畏的探索精神。这是人类文明宝贵的共同财富！

看到这里，你觉得穆瓦桑配不配获得诺贝尔奖呢？

1907 年 2 月 20 日，在获得诺贝尔化学奖仅仅数月之后，穆瓦桑突然离世，永远地离开了这个世界，告别了他钟爱的实验室。人们推测，反复接触氟和一氧化碳间接导致了他的死亡。

让我们记住这个名字吧，他是真正的英雄。

我们的身体里也有氟，不过人对它的需求量极低。成年人体内只有 2~3 克氟，主要分布在骨骼和牙齿中。有的牙膏中会添加少量的氟，这些氟会与牙齿中的磷酸钙发生化学反应，生成氟磷酸钙。氟磷酸钙让牙齿变得坚硬，还能抑制牙菌斑的产生。

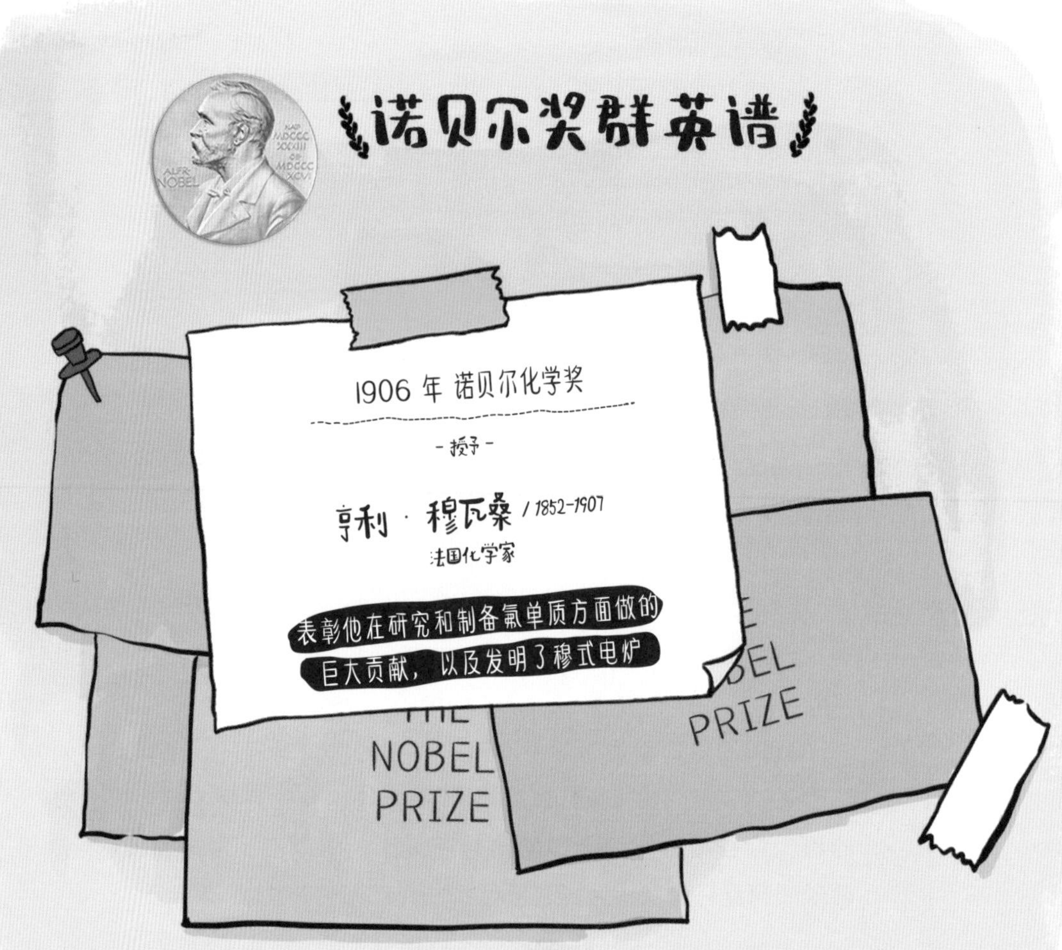
诺贝尔奖群英谱
1906 年 诺贝尔化学奖
- 授予 -
亨利 · 穆瓦桑 / 1852-1907
法国化学家
表彰他在研究和制备氟单质方面做的
巨大贡献，以及发明了穆式电炉
THE
NOBEL
PRIZE
BEL
PRIZE

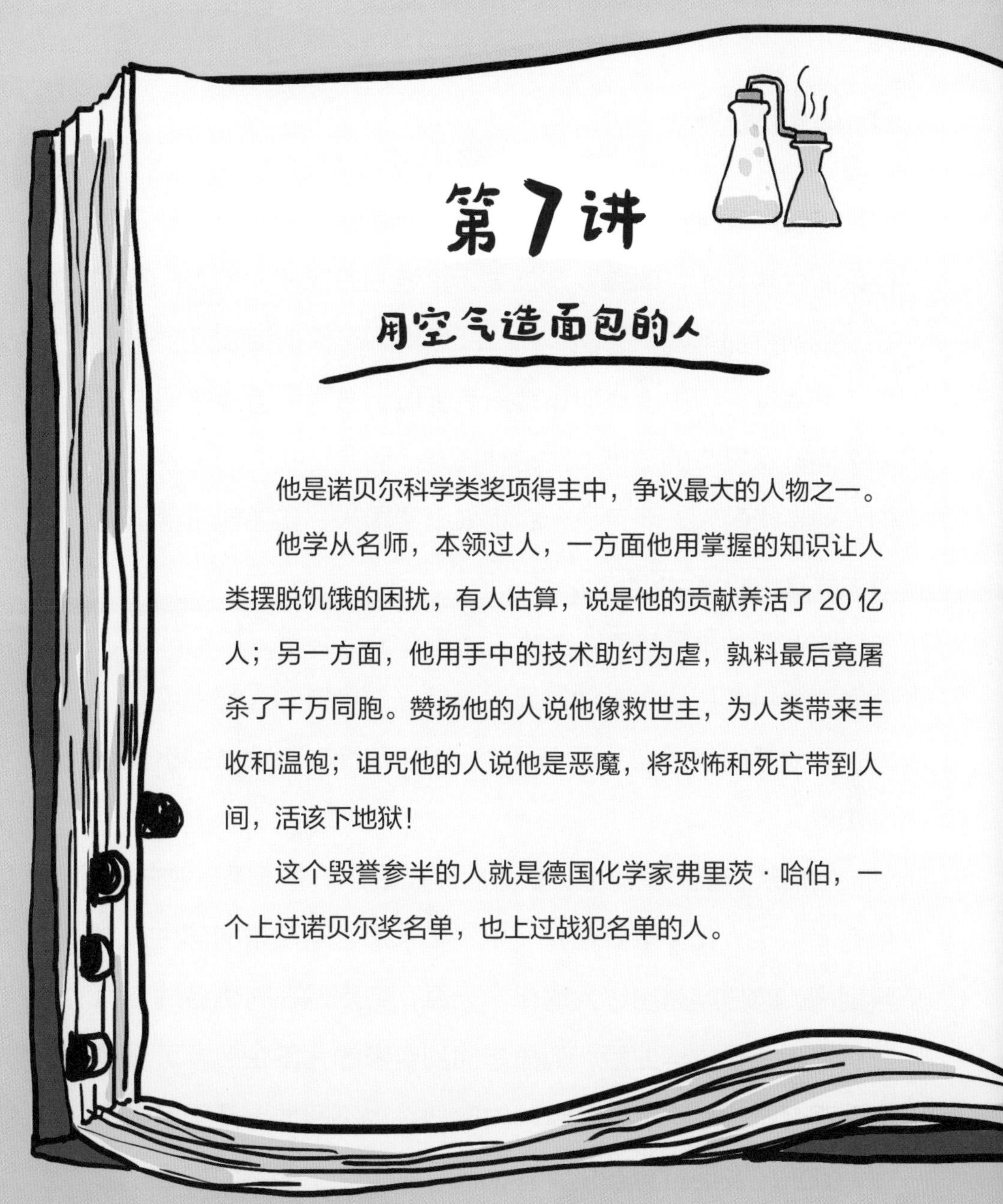

# 第7讲

## 用空气造面包的人

他是诺贝尔科学类奖项得主中，争议最大的人物之一。

他学从名师，本领过人，一方面他用掌握的知识让人类摆脱饥饿的困扰，有人估算，说是他的贡献养活了20亿人；另一方面，他用手中的技术助纣为虐，孰料最后竟屠杀了千万同胞。赞扬他的人说他像救世主，为人类带来丰收和温饱；诅咒他的人说他是恶魔，将恐怖和死亡带到人间，活该下地狱！

这个毁誉参半的人就是德国化学家弗里茨·哈伯，一个上过诺贝尔奖名单，也上过战犯名单的人。

## 家庭的熏陶

1868 年，哈伯出生在一个叫布雷斯劳的城市。这个地方现在是波兰的领土，叫弗罗茨瓦夫，是波兰的第四大城市。不过在二战前，那里属于德国。在二战后期，布雷斯劳发生了一场著名的战役，历史上也叫布雷斯劳围城。布雷斯劳是德国最后一个向苏军投降的城市，比柏林还晚。因此，我们的主人公哈伯，他是德国人，而且是一名犹太裔德国人，正是他对德国的愚忠导致了他黑白交织的人生。

哈伯的父亲是犹太人。犹太人有经商的传统，哈伯的父亲就经营染料工厂，生意做得风生水起。做染料的人都懂点儿化学，因此家庭氛围加上耳濡目染，哈伯孩提时代就懂得不少化学知识。

哈伯从小就天资聪颖，长大后又在柏林、海德堡等地求学，他有幸做了大化学家罗伯特 · 本生和卡尔 · 利伯曼的学生。大学期间，哈伯展露出过人的化学天赋，特别是在有机合成方面颇有造诣。学成毕业后，他先是回到自家的化工企业，可没多久就跟老爸闹掰了，身怀奇才的哈伯头也不回地离开了家族企业，意气风发地打算在化学界大展拳脚。一个偶然的机会，哈伯的关注点转向了如何在工厂中大规模地合成氨。

氨（$NH_3$）是一种由氮（N）和氢（H）组成的化合物，在常温常压下，它是一种无色、有强烈刺激性气味的气体。氨还是一种有毒气体，它对我们的皮肤黏膜有刺激和腐蚀的作用。人如果吸入高浓度的氨气，会引发喉头水肿、肺炎，甚至造成呼吸停止、心脏停搏，最终导致死亡。

$$N_2+3H_2=2NH_3$$

又难闻，又有毒，这么不招人待见，哈伯为什么要研究如何合成氨呢？

## 有趣的氮循环

别看氨气很难闻，在工业界它用处可多了，最大的用处恐怕就是生产化肥了，氨气是生产氮肥的主要原料。

有句老话说“庄稼一枝花，全靠肥当家”，氮肥是一种非常重要的肥料。氮元素是生命存活、生长所必需的元素，氨基酸、蛋白质、磷脂、DNA、叶绿素……这些我们耳熟能详的生命体中的重要物质统统需要氮。那么，氮在哪里呢？你身边就有，空气中氮气的含量高达 78%。那么我们跑到外面去把嘴张大，就能吸取氮了？

来！让我们做一个深呼吸：

氧气会进入我们的身体，供应身体各处。而氮气，怎么吸进去，怎么呼出来。都怪氮气的化学性质太稳定了，无论是动物，还是植物，都无法直接利用氮气给自己补充营养。

既然这样，生命体内的氮又是从何而来的呢？通常有两个来源。一个是大气中的氮气在闪电作用下与氧气化合，再经过一系列化学反应，可以变成硝酸盐或亚硝酸盐，然后被植物所吸收。不过，这个过程慢得愁死人，效率也非常低。另一个是某些微生物可以利用一些细菌将空气中的氮气转化成植物可以“享用”的含氮化合物，这个过程叫作生物固氮。豆类是植物界的固氮小能手，因此豆类植物的种子中蛋白质含量比较高。我们可以通过吃豆腐、豆制品来补充蛋白质，美味的、富含氨基酸的酱油，也是以大豆为原料酿造的。另外，一些藻类植物也具备固氮技能。

动物就没有固氮这门祖传手艺，“嘴大吃八方”是它们的解决之道——吃植物和其他动物，从而获得氮元素。

有趣的是，动植物死后，尸体被细菌分解，动植物体内的氮元素又重归大气，这就是氮循环。和碳循环、水循环一样，氮循环也是自然界中非常重要的循环转化过程。

## 从空气中造面包

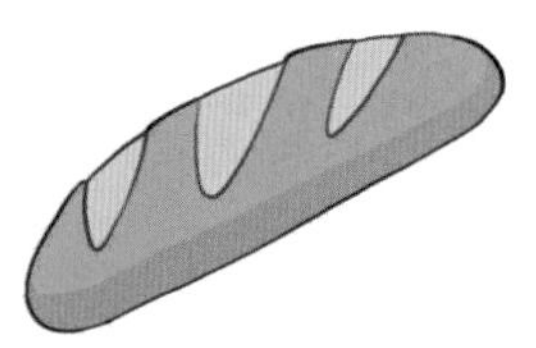

自然界中含氮的天然肥料不多，靠植物自己从自然界中获取氮元素效率又太低。野花野草之类的植物，它们随便长长也就算了，小麦、水稻、玉米、大豆等农作物却直接决定了我们能不能吃饱肚子，粮食的生长是关系国计民生的大事，绝不能听之任之。不给粮食们补充氮元素，产量就没办法提高。因此，如何生产出含氮的化肥，帮助植物获取氮元素，提高粮食的产量，是哈伯那个时代化学工业面临的一大难题。

在当时，以氨为原料生产含氮化肥的技术已经成熟，但以氮气为原料生产氨的技术却十分落后。只能做到在实验室里少量合成一些，根本无法大规模地工业生产。

经过数年的研究，一次次失败再调整改进，1909 年，哈伯探索出一种可以实现工业化大规模合成氨的方法。德国著名化工企业巴斯夫的研究员卡尔 · 博施特别看好哈伯，给了他很大的支持，两人一起合作研发的方法大大提高了反应的效率。他们的方法被称为哈伯 - 博施法。

1912 年，第一座合成氨装置建立。从此以后，用空气、煤和水为原料，就可以生产出含氮的化肥了。把它一把一把地撒向田里，粮食产量就节节攀升，再也不用担心吃不饱肚子了。有人估算，用哈伯－博施法生产出来的化肥养活了第一次世界大战后 1/3 的世界人口。

哈伯一时成了英雄般的人物，就连当时的德皇威廉二世也频频召见他。人们歌颂他、赞美他，说他是“从空气中造面包的人”，他也因此获得了 1918 年的诺贝尔化学奖。博施则因在化学高压领域的成就获得了 1931 年的诺贝尔化学奖。

有时候，昙花一现未必是坏事。至少如果哈伯的科学生涯到此为止，哪怕之后没有任何产出，那后人也会把他当作一位伟大的化学家来铭记。可惜历史没有“如果”，哈伯人生后半途的狂热执念和所作所为让他罪孽深重，为千夫所指。

## 毒气战的始作俑者

1914 年，第一次世界大战爆发。应该说，从技术角度讲，德国人敢于发动这次战争，和哈伯的合成氨技术不无关联。打仗，说到底打的是武器装备，是后勤补给，是钱！大炮一响，黄金万两。

在哈伯的合成氨成功之前，人们只能以天然硝石作为原料来制造炸药，而德国偏偏硝石储量非常低。在战争之初，有懂军事的人预判这场战争撑死也就打一年，因为最先挑起战争的德国根本造不出足够支撑好几年的炸药。谁能料到合成氨不仅可以用于生产化肥，还能用来制作炸药！

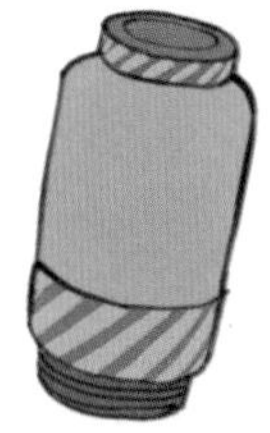

如果就因为这件事把身为化学家的哈伯和战犯画等号，那就太不公平了！毕竟哈伯不

阅读延伸

氯气（$Cl_2$）常温常压下呈黄绿色。氯气是有强烈刺激性气味的剧毒气体，可以刺激人体的呼吸道黏膜，轻则引起胸部灼热、疼痛和咳嗽，重则置人于死地。

是为了战争而研究合成氨。让哈伯从天使沦为魔鬼的是他用化学方式生产毒气，并把它们用于战场，让自己的双手沾满了鲜血。

1915 年 4 月，德军和英法联军的鏖战在比利时的伊普尔陷入胶着。一心效忠德国的哈伯一扫书生的斯文，亲临前线阵地。德军在前线挖掘了一条长达 6 千米的地下通道，哈伯指导德军士兵在其中布置了近 6 000 个装满氯气的钢罐。借助风力的作用，这些有毒的气体直扑向英法联军的阵地。最终，英法联军约 15 000 人中毒，其中 5 000 人死亡。而德国这边则不费一兵一卒，在战场上撕开了一个突破口，如入无人之境，长驱直入，势如破竹。

此役就是战争史上臭名昭著的伊普尔氯气战，是人类第一次将化学武器用于战场。而这场骇人听闻的毒气战正是哈伯一手策划的，那个被誉为“从空气中造面包的人”，如今成了“毒气战之父”。

若问作为科学家的哈伯内心里可有一丝愧疚？

在头脑已经发热的哈伯看来，使用毒气可以帮助自己国家尽快赢得战争的胜利，这样反倒“可以少死很多人”，他这么做全是出于爱国。因此，他停下一切科学研究，投入全部精力研制毒气。就在他因为首次毒气战大获全胜，在柏林大办庆功宴的时候，他的妻子——一位在当时凤毛麟角的女化学博士，在家中用哈伯的一把军用左轮手枪结束了自己的生命。他们年仅 13 岁的儿子目睹了倒在血泊中的母亲。若干年后，他也用同样的方式自杀。可悲的是，妻子用鲜血发出的警告并没有点醒哈伯，他再度奔赴前线，指导用毒气作战。

你不仁就别怪我不义！英国、法国等国家也相继把毒气作为战争中的撒手锏。本就兵戎相见的双方都失去了最后一条底线。化学武器之所以恐怖，是因为它导致的死亡率奇高。士兵一旦中毒，很难救治。更可怕的是化学武器对人的伤害是长久的，即使战时侥幸留下一条命，也会一生处于病痛的煎熬中。

## 孰料，屠刀对准自己同胞

阅读延伸

抗日战争期间，侵华日军也曾对我国使用化学武器。侵华日军516部队就专门研制化学武器，并培养使用化学武器的高级军官。他们公然违背国际公约在南京、长沙、武汉等地的会战中使用化学武器，造成大量中国军民伤亡。

1918年，第一次世界大战结束了。

作为战败国的德国面临巨额的战争赔款，这时不分青红皂白一心爱国的哈伯又开始处心积虑地设计一种从海水中提取黄金的方案，希望能发一笔横财帮助德国支付战争赔款。可惜呀，海水里那点金子少得不值一提，他的一片苦心全白费了。

1920年，哈伯的名字被从战犯的名单中抹去。尽管备受争议，瑞典皇家科学院念及他为世界贡献的工业合成氨技术“使人类从此摆脱了依靠天然氮肥的被动局面”，为他举行了迟到的授奖仪式。哈伯也对自己在战争中的行为进行了反思，并将全部奖金捐给了慈善组织，以表达内心的愧疚。

1933年，希特勒在德国实行法西斯统治。犹太人遭到身心迫害，连对德国忠心耿耿的哈伯也未能幸免。他不得不为躲避迫害而背井离乡，流亡到邻国。第二年，已经60多岁的哈伯最终因心脏病发作，死在了瑞士。而在德国，数百万犹太人被勒令摘掉首饰、交出财物，排着队走进毒气室，那正是哈伯研制出来的毒气。好几位哈伯的亲戚、朋友就是这么死的。如果哈伯泉下有知，不知是不是会痛悔。

科学技术是一把双刃剑，这句话在哈伯身上体现得太充分了。

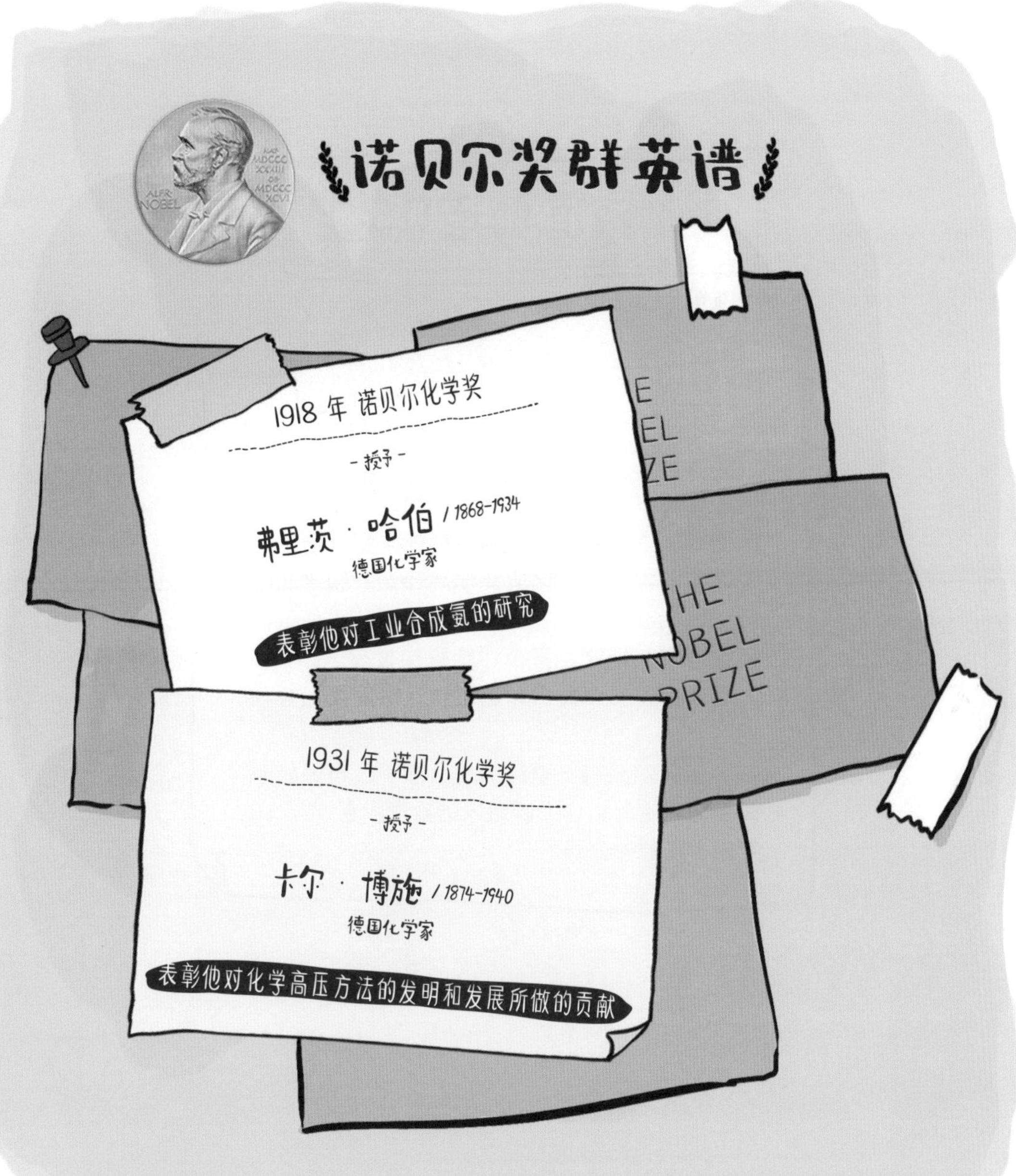
ALFR. NOBEL
NAT. MDCCC XXXIII OB. MDCCC XCVI
诺贝尔奖群英谱
1918 年 诺贝尔化学奖
- 授予 -
弗里茨 · 哈伯 / 1868-1934
德国化学家
表彰他对工业合成氨的研究
1931 年 诺贝尔化学奖
- 授予 -
卡尔 · 博施 / 1874-1940
德国化学家
表彰他对化学高压方法的发明和发展所做的贡献
THE NOBEL PRIZE

# 你不知道的诺贝尔奖

## 诺贝尔奖由谁评?

诺贝尔物理学奖和化学奖由瑞典皇家科学院评定，生理学或医学奖由瑞典卡罗林斯卡学院评定，文学奖由瑞典文学院评定，和平奖由挪威议会选出。后来加入的经济学奖委托瑞典皇家科学院评定。每个评定机构设有一个由 5 人组成的委员会负责评选工作，每届委员会任期 3 年。

诺贝尔奖有一项原则是，除了公布最终获奖者的名字外，作为候选人的科学家名字在 50 年内都不对外公开。

# 第8讲

## 怎么两个诺贝尔奖都没保住他的晚节？

他是名副其实的少年天才。

他一生拿过两个诺贝尔奖，一个是化学奖，一个是和平奖。别人得诺贝尔奖，一般都要和其他人共享；而他两次得奖都是独自包揽，还是截然不同的贡献。

他是史上最伟大的化学家之一，却被一众商家利用；他曾为全人类的福祉奔走呼吁，也曾站在整个医学界的对立面。

诺贝尔奖得主里从来都不乏传奇人物，然而他的传奇却一言难尽。前半生，他驰骋在科学的巅峰；后半生，他身陷伪科学的旋涡。

## 迟到45年的高中毕业证书

1901年，也就是颁发第一届诺贝尔奖的那一年，在美国的波特兰市，一个叫莱纳斯·卡尔·鲍林的小孩出生了。谁也没有想到，这个小孩长大以后会两次拿到诺贝尔奖。

鲍林的祖辈是从德国来的移民，父亲赫尔曼·鲍林经营一家药店，母亲是家庭妇女，鲍林还有两个年岁相差不大的妹妹，一家人的日子过得还不错。谁知鲍林9岁那年，父亲因为突发严重的消化道急病，撒手人寰。家里的顶梁柱突然倒了，这让鲍林一家的生活变得贫困起来。但这并没影响鲍林的学习成长。

鲍林在学校里表现优异，他喜爱阅读，在学校里博览群书，还收集昆虫和矿石标本，天资聪颖的他一直是老师眼中的好学生。13岁那年，他在同学杰弗里斯家里看到一系列化学实验仪器，瓶瓶罐罐里盛着的化学物质像神奇的魔术师，会上演出其不意的烟雾秀和气泡大法，还一不留神就变个颜色逗逗你，

一切都让鲍林着迷得不行，成为化学家的梦想第一次在少年的心里萌芽。

当然，好学生也免不了大意失荆州。在高中毕业那一年，鲍林因为一时疏忽，没有按照学校的要求修满两门美国历史方面的课程，无法拿到毕业证书，只能揣着一张高中肄业证去大学报到。鲍林第二次获得诺贝尔奖后，他当年就读的高中才为他颁发了荣誉毕业证书。也不知道此时年逾花甲的美国科学院院士、加利福尼亚州理工学院化学系主任，手握两张诺贝尔奖证书的鲍林教授，接过高中毕业证时，心里作何感想。

进入大学后，鲍林一边学习，一边在实验室打工，不仅给自己挣学费，还能补贴家用。由于化学系的教师人手不够，鲍林还是学生的时候，就开始给低年级的本科生上课了，被戏称为少年教授。为了讲好课，他还密切关注当时的化学前沿，通过阅读学术期刊，了解了当时的化学家刘易斯和朗缪尔（1932年诺贝尔化学奖得主）的最新研究成果，再把自己掌握的新进展介绍给别人。可别小看这种“现学现卖”的经历，它巩固了鲍林的化学知识功底，同时还锻炼了他的演讲能力，更使他萌生了“了解物质的物理及化学性质与原子和分子的组成结构之间的关系”的强烈愿望。这个志向引导他走向了日后的辉煌。

## 钻石的化学键

1922 年，鲍林到加利福尼亚州理工学院读研究生，鲍林当年之所以选择这所年轻的学院，而没有去历史悠久的哈佛大学，是因为在这里 3 年就能拿到学位，而在哈佛需要 6 年。暮年的鲍林在回忆中这样评价这所学院："几年后……我意识到，在 1922 年，世界上没有任何其他地方能为我的学术生涯做更好的准备。" 3 年后，鲍林顺利获得了博士学位，当时的化学系主任诺伊斯更为他争取到一笔奖学金，可以去欧洲留学 15 个月。

一个美国人去欧洲留学，这是个好机会吗？是！要知道，当时美国的科学水平跟欧洲比，还是相对落后的。那时候，欧洲才是世界科学的中心。阿诺德 · 索末菲坐镇的慕尼黑大学物理系是世界量子力学研究的中心，拥有尼尔斯 · 玻尔的哥本哈根曾一度被视为科学界的"首都"，这两个地方和马克斯 · 玻恩领导的哥廷根大学物理系三足鼎立，史称量子力学"金三角"。鲍林拜访这些地方，接触到了当时正如朝阳般冉冉升起的世界前沿科学理论——量子力学。犹如打开了一扇窗，量子力学描绘的微观世界奇幻又美妙，深深地吸引了鲍林，他甚至一度考虑改行研究量子力学。

1927 年，留学归国的鲍林回到母校——加利福尼亚州理工学院，正式开启了自己的科研之路。他到底还是没有转投物理学，而是专注于他自少年时就痴迷的化学。但和传统的化学家不一样，他的日常不是做实验——收集生成的气体，观察产生的沉淀，和烧杯、试管为伍，而是一头扎进了古怪的符号和费脑的算式里，把在欧洲学到的量子力学引入化学。可别小看这次“现学现卖”，这相当于拿到了解锁微观世界的独门神器。

我们知道，物质都是由分子组成的，而分子是由原子组成的。例如，一个水分子是由两个氢原子和一个氧原子组成的，

既然两个氮原子能结合成一个氮分子，为什么两个碳原子不能结合成一个碳分子？

汽水里的二氧化碳分子包括两个氧原子和一个碳原子。凭什么这些原子就老实听话地凑在一起呀？原来有一种强大的力将不同的原子结合在一起，组成了分子。化学家给这种力取名为化学键。

这个化学键听上去挺厉害吧？鲍林大学时候就学过它，不过那个时候整个化学界对化学键的认识还都一知半解，教科书上也是语焉不详。别看化学家们分子长分子短的，抬手就唰唰唰地写出一串串分子式，其实竟然连原子到底是怎么相互结合而形成分子的，这么基本的问题还说不清楚呢。这哪行啊？鲍林一直对这件事耿耿于怀。

阅读延伸

化学键包括三种，分别是共价键、金属键和离子键。金刚石中的化学键是共价键，同样，氧气、水、二氧化碳里也是共价键；金项链、铜导线、铁丝里的是金属键；食盐中的化学键叫离子键。

于是，鲍林用他深厚的化学功底，结合最先进的量子力学，研究化学键到底是怎么回事。第一个研究目标是金刚石（就是我们说的钻石）里的碳原子。之所以选择金刚石，是因为它身上藏着一个未解之谜。金刚石是最坚硬的物质，无色，透明，不导电，有极强的透光能力，只要一点点光照上去，就璀璨生

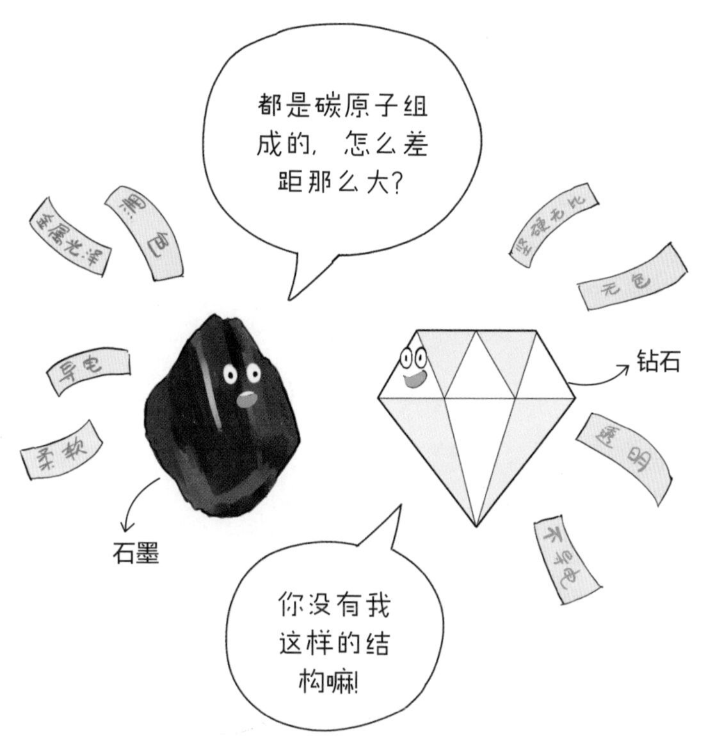


辉。而金刚石内部的化学键是什么样的？化学家们都不清楚。

当时，人们已经知道，在金刚石内部，每个碳原子都与相邻的 4 个碳原子形成化学键。而这 4 个碳原子刚好位于一个正四面体的 4 个顶点上。按照当时人们对化学键的理解，能保持这种空间队形的物质压根儿就没道理存在。天呀！到底发生了什么，让碳原子排成这副怪样子？

为了揭开这个谜题，鲍林用上了量子力学这个利器，算出位于正四面体中心的碳原子与位于各个顶点的碳原子之间的化学键的长度和方向。他提出了一个世人闻所未闻的理论，解释了金刚石中碳原子间形成化学键的过程——就是 $SP^3$ 杂化轨道理论。

金刚石中，每个碳原子和相邻的 4 个碳原子分别形成 4 个完全一样的化学键，这 4 个化学键的键长一样，键的夹角都相等，都是 109°28′。这样，金刚石的分子结构就如同金字塔一样稳定。金刚石无与伦比的硬度和超强稳定性，以及不导电的性质，都和这样的结构有关。

看到这里，你可能感觉就算算长度、角度也没什么呀，不就是一道高级应用题吗？真的！毫不夸张地说，这道题足够难倒 10 个博士！因为它的计算量和复杂程度是地狱级的。现在有计算机还好说，可鲍林那个时候哪有计算机呀！就算鲍林和他团队的小伙伴个个都是神算子，也力不从心。唯一的办法就是对无关大局的数据忽略不计，做近似处理。可别小瞧这步操作！这正是鲍林的厉害之处了，要是换了别人压根儿看不出什么可以忽略不计，哪里可以近似处理——选择有时候比努力重要。

## 化学键的本质

1931 年 2 月，鲍林将他的结果写成论文。绝顶聪明的鲍林，化学之外智商也相当在线，他给论文起了个掷地有声、气贯长虹的标题——《化学键的本质》。化学键对很多人来说，还云里雾里的呢，鲍老师就直指要害、拨云见日谈本质了!

在当时的化学界看来，鲍林的学说不仅高深莫测，而且太超前了！就好比那边还在争论怎么更快地向京城报信，是 600 里加急，还是 800 里加急，而这边直接发电报了！自古以来，哪个化学家不是泡在实验室里，不嫌烦琐、冒着风险地做实验，在变化的颜色、燃烧的火焰、下落的沉淀、升腾的气体中探索物质的化学性质，哪有就凭一支笔在纸上算出来的？再说，那些符号、方程都是什么？

而鲍林却一发不可收，接连发表了多篇关于化学键的论文，全面阐述了他的研究成果。不知不觉间，化学家们发现：厉害呀！那些复杂的分子结构，和那些说不清道不明的化合物性质，原来都与化学键有关！

在鲍林的一篇篇论文中，诞生了一个全新的学科——量子化学。鲍林也因此成了历史上最伟大的化学家之一。凭借对化学键性质方面的研究，鲍林获得了 1954 年诺贝尔化学奖。

## 化学家拿了和平奖

1945 年，美军在日本的广岛和长崎投下了原子弹。原子弹巨大的破坏力让鲍林感到震惊。这使他义无反顾地加入了反对核武器的科学家队伍。哪怕在冷战期间，受到美国联邦调查局的调查和制裁，被迫辞去了加利福尼亚州理工学院化学系主任的职务，还险遭牢狱之灾，鲍林也没有后退。

“核战争将杀死每个人……世界走到了这关键时刻，必须做出一个最终的，不让自己后悔的决定，（我们）到底是走向人类的辉煌未来，还是走向死亡、毁坏，以及人类的彻底灭绝。”

他在卡耐基大厅演讲，他在白宫外抗议，他奔走于世界各

## 阅读延伸

1942 年，美国启动了研制原子弹的曼哈顿计划。负责人、物理学家奥本海默曾邀请鲍林主持化学方面的研究工作，被他拒绝了。主要原因是原子弹试验不能在大城市进行，而是在戈壁荒漠，鲍林的家人不愿搬到那种荒无人烟的地方。

地，收集大量证据，向世人证明：如果在地球表面进行核试验，会直接导致全世界的癌症发病率和新生儿的先天缺陷率显著增加。为了人类的安宁和健康，他大声疾呼反对地面核试验。他利用自己的影响力出版著作，反战反核。由于鲍林的声望，在短短几个月里，他就征集到全世界1万多名科学家的反对核武器的签名，连爱因斯坦、约里奥－居里等38位诺贝尔奖得主都签了名。鲍林把这些签名直接送到了联合国。在反核的十多年里，鲍林受到了多次调查和制裁，还差点儿吃牢饭。

1963年，美国、苏联和英国签署了《禁止在大气层、外层空间和水下进行核武器试验条约》。鲍林也在前一年被授予了诺贝尔和平奖，成为继居里夫人后，历史上第二位两次获得诺贝尔奖的科学家。所以，现在你知道，为什么在新闻里会听到“某年某月，某国进行了一次地下核试验”了吧。自从这个条约签署后，各国再要摆弄核武器，都得统统到地底下去。

## 盲目信仰维生素C

两次获得诺贝尔奖的鲍林，既是开宗立派的大化学家，又是热爱和平的社会活动家，本应是一个被万众瞩目、万人敬仰

**阅读延伸**

维生素C又叫抗坏血酸，是人体必需的营养素，它可以增强人体免疫力，促进矿物质吸收。但人体不能自行生产维生素C，只能从食物中获取。发现维生素C的人也获得过诺贝尔奖哟。

的科学泰斗，然而，晚年的鲍林却盲目信仰维生素 C，身陷伪科学的深渊。

鲍林的维生素 C 情结大约始于 1941 年。那一年，鲍林得了肾病，接受了一种当时还很罕见的治疗方法，治疗过程中需要大量吃维生素 C。尽管这只是辅助手段，但鲍林却把维生素 C 当作了灵丹妙药。

后来，鲍林对维生素 C 产生了一种迷信，甚至发展了一套理论，说维生素 C 可以治疗疾病、延年益寿，他自己也身体力行，每天都会吃大量的维生素 C，从每天 0.5 克、1 克、2 克，直到 18 克，甚至在感冒时增加到 40 克。他还出书，发文章，让别人跟着他一起大把大把地吃维生素 C。

不过，鲍林对维生素 C 的迷之推崇并没有实验基础，遭到了医生和营养学家们的一致反对实在不足为奇。当然，也有不少科学家因为鲍林的名气和执着，而投入对维生素 C 的研究——也许鲍大师是对的呢？然而，最终他们并没有发现维生素 C 的神奇功效，反而有研究发现，长期过量服用维生素 C 可能引起慢性腹泻和肾结石。

大凡天才人物都特别自信，一旦这种自信走向极端，就叫固执。晚年的鲍林就是一个固执的老头，科学家的理性头脑和实事求是的精神，不知跑到哪里去了。他自说自话，不相信实验结果，只要有人说维生素 C 的不是，他就立刻和人家翻脸，甚至不惜对簿公堂。

维生素厂商可是做梦都要笑醒了哟。鲍林是谁呀？这可是堂堂诺贝尔奖得主！维生素 C 是不愁卖不出去了。所以你知道为什么明明从水果、蔬菜里，就可以获取每日必需的维生素 C，可药店里还有那么多令人眼花缭乱的维生素 C 产品了吧？诺贝尔奖级别的社会活动能力，既然有能力把原子弹都给反对到地底下去，就也能把小小的维生素 C 片捧上天！直到鲍林去世之后，还有不少厂家挥舞着鲍林的照片高喊：“嘿！诺贝尔奖得主建议我们吃维

生素 C 呢！”

1994 年，鲍林因癌症去世。直到最后，他都没有放弃对维生素 C 的迷信。鲍林这一生给后世留下了无数宝贵的财富，也留下了一个让人哭笑不得的巨大谎言。

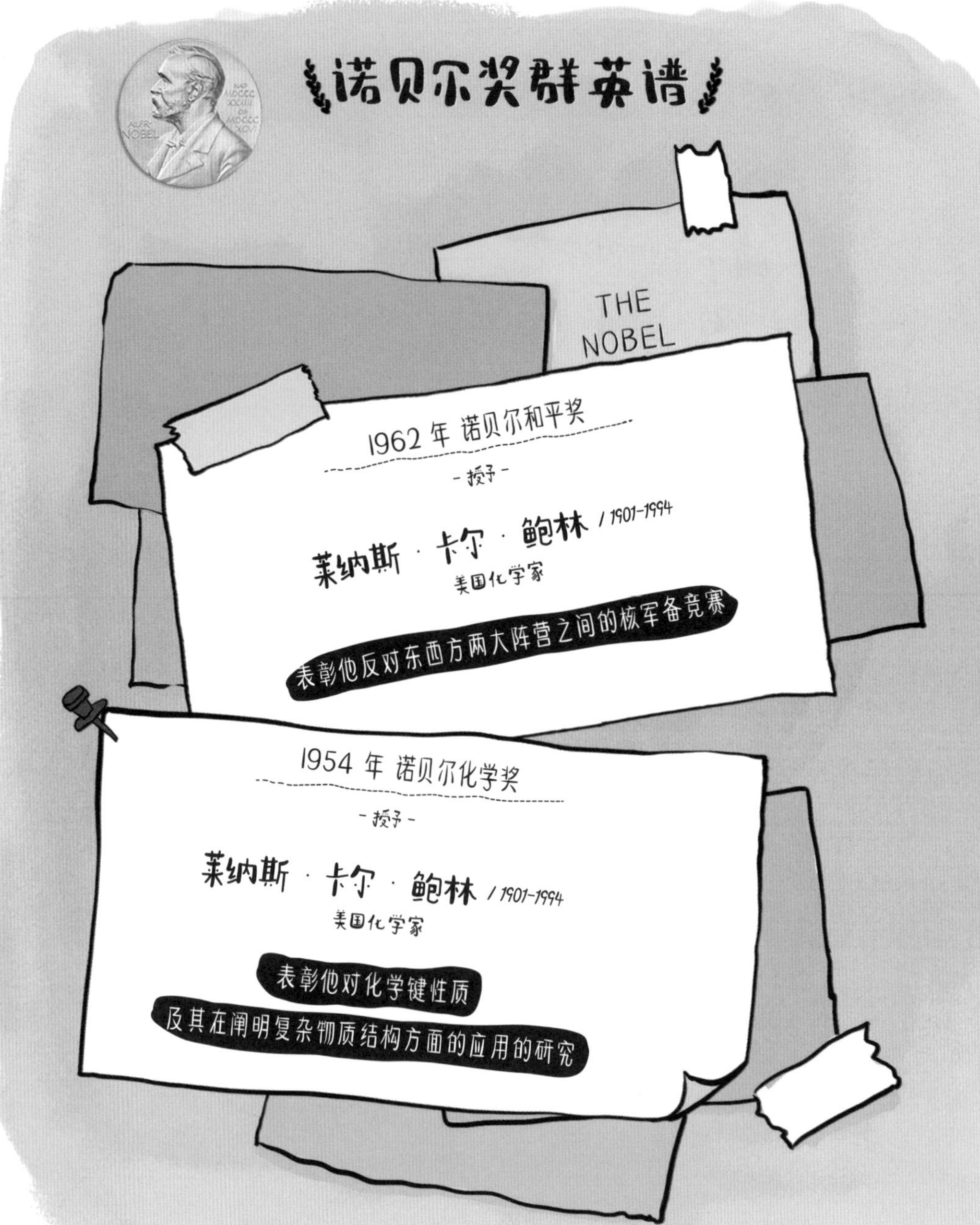
诺贝尔奖群英谱
THE
NOBEL
1962 年 诺贝尔和平奖
- 授予 -
莱纳斯·卡尔·鲍林 / 1901-1994
美国化学家
表彰他反对东西方两大阵营之间的核军备竞赛
1954 年 诺贝尔化学奖
- 授予 -
莱纳斯·卡尔·鲍林 / 1901-1994
美国化学家
表彰他对化学键性质
及其在阐明复杂物质结构方面的应用的研究

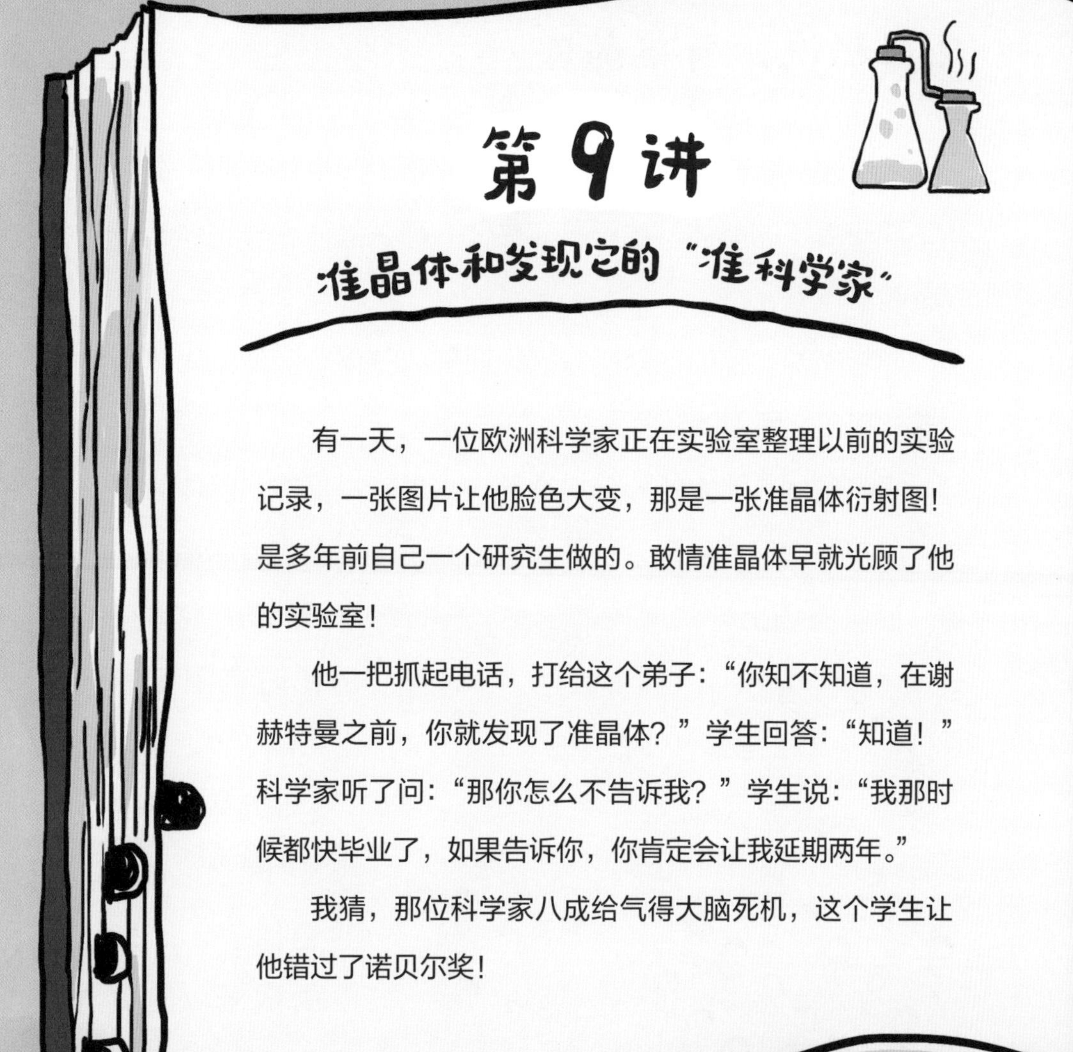

# 第9讲

## 准晶体和发现它的“准科学家”

有一天，一位欧洲科学家正在实验室整理以前的实验记录，一张图片让他脸色大变，那是一张准晶体衍射图！是多年前自己一个研究生做的。敢情准晶体早就光顾了他的实验室！

他一把抓起电话，打给这个弟子：“你知不知道，在谢赫特曼之前，你就发现了准晶体？”学生回答：“知道！”科学家听了问：“那你怎么不告诉我？”学生说：“我那时候都快毕业了，如果告诉你，你肯定会让我延期两年。”

我猜，那位科学家八成给气得大脑死机，这个学生让他错过了诺贝尔奖！

## 他居然说，有准晶体

听说过“准爸爸”“ 准妈妈”，可你听说过准晶体吗？准晶体不同于真正的晶体，也不是非晶体。那么晶体和非晶体又是什么呢？

通常来说，我们认为所有的物质都以气体、液体和固体三种形式存在，而固体又分为晶体和非晶体。

很多晶体有迷人的外形，钻石、水晶就是晶体。晶体的内部，所有的微粒（包括分子、离子或原子）都整齐有序地排列着，很像操场上列队做操的学生，一行行、一列列。晶体在熔化时有固定的熔点。

食盐（氯化钠）的晶体结构

非晶体内部的微粒们就没这么好的纪律了，他们自由散漫，压根儿没有保持队形的概念，排列杂乱无章，毫无规律可言。非晶体在熔化时没有固定的熔点，凝固时也不会有固定的形状。玻璃，还有铺路用的沥青都是典型的非晶体。

科学家们认为，所有的固体，要么是晶体，要么是非晶体，没有其他可能。而以色列科学家达尼埃尔·谢赫特曼却说，有一种固体材料，它既不是晶体，也不是非晶体，嗯，不妨就叫它“准晶体”。

## 没有准晶体，只有准科学家

谢赫特曼 1941 年出生在今天的以色列特拉维夫。大学毕业后，就一直在美国工作，主要从事与金属铝及其合金相关的材料学研究，谢赫特曼研究的主要工具之一是电子显微镜，使用这种高级科学仪器，需要高深的专业知识和丰富的经验，谢赫特曼正好是一位电子显微镜专家。

1982 年，谢赫特曼在用电子显微镜观察一种铝锰合金时，看到了一幅从没见过的美妙图案，由此反推出的物质结构呈现一种炫目的美，但它却不同于晶体那种让人可以一眼洞穿的规律性。在晶体结构中，人们总是可以找到一个可以无限重复的单元，简单地说，就像家里铺的地砖一样，同样形状的砖，一块一块码下去，铺满地面的每一块砖都是一模一样的图案，有严整的规律性（也叫周期性）。

而谢赫特曼得到的物质结构图案却有点儿奇怪！乍一看，它蛮有规律性的，很像晶体。可仔细观察，你又没办法从中找出一个可以无限重复的图案单元，仿佛藏着一个吊诡的不解之谜，令人捉摸不透。可以肯定，它也不是非晶体，只能说它介于晶体和非晶体之间。谢赫特曼称这种结构为“准晶体”。

谢赫特曼研究的铝锰合金呈十二面体，每一面都是正五边形。

谢赫特曼也对电子显微镜下的景象感到大惑不解，他在自己的实验记录本上连着写了三个又像惊叹号又像问号的符号。震惊过后，回

在美国新墨西哥州1945年的核试验爆炸遗址也发现了准晶体，这种准晶体的结构中也有五边形。没人知道核爆炸怎样塑造了准晶体，不过有科学家认为，准晶体可以用于取证，揭露秘密的核试验，从而遏制核扩散。

过神来捋一捋思路，实验毕竟是自己一步一步做出来的，中间没毛病。他觉得，这种物质结构值得研究一番，万万不可轻易放过。

他写了文章，顶级学术期刊压着不给他发表；他去请教同行、专家，却遭遇“毒舌”呛声。两次诺贝尔奖得主、大化学家鲍林不留情面地批评谢赫特曼：天底下压根儿没有什么“准晶体”，只有你这号“准科学家”！哎呀，这话说的！伤害性很大，侮辱性更大。他所在的美国约翰斯·霍普金斯大学的科研团队更是将他扫地出门，在多数学者看来，什么“准晶体”，分明就是胡说八道！

不过，科学界里总有不信邪的，也总有好新鲜的，这些人在实验室重复了谢赫特曼的实验，并观察到了同样的结果。紧接着，又有不少科学家在实验室中制造出了各种各样的准晶体。2009年，人们甚至在俄罗斯远东地区发现了天然准晶体。

谢赫特曼的发现终于被承认了！ 2011 年，他从一个人人质疑的“准科学家”成了当年诺贝尔化学奖唯一的获奖人。瑞典皇家科学院在给谢赫特曼的颁奖声明中说，获奖者的发现改变了科学家对固体物质结构的认识。美国化学会主席纳西 · 杰克逊称赞“谢赫特曼的发现是科学界最伟大的发现之一，勇敢挑战了当时的权威体系”。

## 爷爷送的放大镜成就了我

**阅读延伸**

由于结构与众不同，准晶体材料具有硬度高、摩擦因数低、导热性差等特点。这些特点使得准晶体材料可以被用于制造眼外科手术的微细针头。准晶体的发现不仅改变了人们对固体结构的认识，还开辟了新材料研究的方向。

说起来，谢赫特曼还真是一个很不简单的人，别的不说，单就说他不为所动、不惧权威、坚定自信，就足以证明此人心智非同一般。大师鲍林至死都不相信有准晶体，谢赫特曼这样说："为什么我敢站在他面前，说他错了？因为我是电子显微镜专家，而他不是，他从一开始就错了。"

让人觉得有爱又有趣的是，引领谢赫特曼走进微观世界的，竟然是 7 岁时爷爷送他的一支放大镜。小谢赫特曼对它爱不释手，拿着放大镜看这看那，"我用放大镜观察一些细小的事物，花朵的结构、昆虫的眼睛……我爱上了微观世界"。77 岁高龄的谢赫特曼说起这些自己孩童时期的往事，仍是满脸的新鲜和兴奋。

读小学时，谢赫特曼听说科学老师有一台光学显微镜，就软磨硬泡缠着老师带他看看。终于，老师同意了，把他带到显微镜前。他激动地拿出一片自己在外面捡的树叶用显微镜仔细地观察，他看到了叶绿体在里面流动，高呼：“太有趣了！”他觉得，从此以后，自己一天都离不开显微镜。可是，等他看完这片树叶，科学老师却随即把显微镜当宝贝一样收起来，不许学生再碰这娇贵的仪器。小谢赫特曼委屈极了。

对显微镜着迷的孩子长大了！在以色列理工学院读书时，学校购入了一台供教学科研用的电子显微镜。到货时，谢赫特曼专门跑去看电子显微镜的组装过程，跟在工程师身边问长问短，兴奋不已。他知道，这是一种比光学显微镜更强大的显微镜，他对这个神奇的仪器有强烈的好奇心，兴趣是最好的老师，后来他成了使用这种仪器探秘微观世界的专家。

他说，7 岁时，爷爷送的放大镜改变了自己的命运。

谢赫特曼和中国有不解之缘。他是西安市人民政府的科技顾问，并在西安市建立了谢赫特曼诺奖新材料研究院，开展镁合金 3D 打印技术应用和产业化研究。

诺贝尔奖群英谱
2011年 诺贝尔化学奖
-授予-
以色列科学家
达尼埃尔·谢赫特曼 / 1941-
表彰他发现了准晶体
PRIZE

## 人工放射性：机会总是留给有准备的人

他们是诺贝尔奖历史上一对珠联璧合的夫妻档，一个热情如火，一个沉静似水。

在他们身后，有一个科学史上最熠熠闪光的家族。

他们有高超的实验技巧，又聪明能干，却两次和诺贝尔奖失之交臂，好比在足球场上，自己闪展腾挪，一路过关斩将，已经突破到对方禁区，临门一脚却是别人射的。

是的，机会总是留给有准备的人，想必他们对这句话有更深刻的体会和感悟。

他们有强烈的正义感，在风云激荡的时代，托人给毛主席带话，鼓舞遥远的东方大国以戈止武，捍卫和平！

他们是法国科学家约里奥－居里夫妇。

## 约里奥是姓不是名

我们常见的外国人名，中间有一个小圆点，例如艾尔伯特·爱因斯坦。圆点前的是名，圆点后面是姓。而约里奥－居里中不是圆点，而是小短线。这是为什么呢？

著名的波兰裔法国籍科学家居里夫人有两个女儿，大女儿叫伊伦·居里。在她 6 岁时，爸妈联手拿了 1903 年诺贝尔物理学奖。有这样的父母，伊伦从小就对科学非常着迷。不过，伊伦天生喜静不喜动，性格沉静。这可让老母亲居里夫人有些担心，怕她长大以后“社恐”，就尽其所能地创造一些机会让女儿多接触人、多接触社会。伊伦 14 岁时，居里夫人第二次拿到诺贝尔奖，她带着伊伦一起出席了颁奖仪式，目的是让女儿见见世面。也许正是这次举世瞩目的盛典，给这个安静的少女心中埋下了一颗种子。

这时的伊伦还不知道，就在巴黎，有一个男孩也是自己爸妈的小粉丝。他叫弗雷德里克·约里奥，出生在巴黎一个普

诺贝尔颁奖典礼

通家庭，从小就喜欢读书，尤其喜欢自然科学。约里奥经常背着大人在自家卫生间里鼓捣一些小实验，因此，叮咣的响声不时从卫生间里传出。怎么了？——惹祸了呗！不是打碎了洗脸盆，就是砸裂了地上的瓷砖。不过，这对热情活跃的约里奥来说，都不是个事儿，他的梦想是成为居里夫妇那样伟大的科学家。中学毕业后，约里奥报考了巴黎市工业物理化学学校，这可以说是约里奥“高级追星”成功，因为这是当年居里夫妇发现镭的地方。在大学里，约里奥师从著名物理学家郎之万，并和老师的儿子成为同学、好哥们儿。

大学毕业后，第一次世界大战爆发，约里奥和小郎之万一同投笔从戎，加入了军队。战争结束后，两人又一起复员。小郎之万自然是进了他老爸的实验室。约里奥本来也可以去郎之万实验室，不过他心心念念的是居里夫人的实验室。在他的再三央求下，郎之万介绍他进入了居里实验室。

约里奥热情聪明，做事又很尽心，深得居里夫人赏识和器重，很快成了居里夫人的助手。他也结识了伊伦·居里。两人志趣相投，性格互补，一见钟情，不久就步入婚姻的殿堂。结婚后，按西方人的习惯，伊伦应当随夫姓。而居里夫人两口子没有儿子，为了延续“居里”这个姓氏，也对这个伟大的姓氏表达敬意，小两口决定创造一个联合姓氏：约里奥－居里，两人一起共用这个姓氏。因此，他们被人叫作约里奥－居里夫妇。如果你在有的地方看到“约里奥·居里”，这是不正确的。约里奥不是名，是姓氏。

婚后，两人一起做实验，并肩从事科学研究，他们主要研究放射性物质。很快，时间到了 1932 年，对于约里奥－居里夫妇来说，1932 年发生了太多太多事！当他们上了年纪回顾起这一年，恐怕也会发出一声叹息……

## 唉，这一年！

1932 年，约里奥－居里夫妇两次不经意地走到了诺贝尔奖的大门口，离成功仅仅一步之遥，可惜由于理论知识不足，他们对实验中发现的新粒子做出了错误的判断，真是让煮熟的鸭子飞了！

首先是邂逅正电子。正电子和我们熟悉的电子是一对正反物质，它们有相同的质量、相同的电量，电子带负电，正电子带等量的正电。之前，英国物理学家狄拉克就预言过正电子的存在。

1932 年，约里奥－居里夫妇真的在自己的实验中看到了不走寻常路的正电子，它和电子的轨迹当然完全不一样。但约里奥－居里夫妇认为，这不过是实验中跑偏的普通电子，没有给予足够的重视，让机会白白溜走。你可能要追问：那他们就不知道已经有人预言过正电子了吗？——很遗憾！他们还真不知道！

后来正电子被当时还寂寂无名的安德森发现，他也一举成为当时最年轻的诺贝尔物理学奖得主。

## 这一次，更扎心

约里奥－居里夫妇的第二次错过与第一次颇为相似。

现在，任何一个读过初中的人就知道原子核里有什么，但在20世纪30年代，人们还并不知道。1911年，英国物理学家欧内斯特·卢瑟福提出了原子的有核模型。他认为，原子是由一个又硬又小的原子核和核外电子组成的。

那么原子核里由什么组成呢？

1919年，卢瑟福在实验中发现，如果用α粒子去轰击氮原子的原子核，在被轰击出的碎片中有氢原子的原子核。因此，卢瑟福认为，氢原子核其实是一种基本粒子，它存在于所有的原子核中，并给它取名叫质子。

**阅读延伸**

卢瑟福是1908年诺贝尔化学奖的获得者，他的获奖原因并不是发现质子，而是对元素衰变以及放射性物质化学性质的研究。而他一生最大的贡献则是在获得诺贝尔奖之后做出的，那就是著名的α粒子散射实验和原子核模型。

在卢瑟福看来，质子在原子核里，电子在原子核外；质子带正电，电子带等量的负电。要让原子对外不显电性，那么原子核外有多少个电子，原子核内就应该有多少个质子。好啦！

问题来了：原子核的质量大于原子核中“应该”有的质子的质量之和。而且每个质子都带正电，这样质子和质子之间有非常强的排斥力，每个质子会把其他质子都推得远远的，谁也别想挨着谁；那么一群质子怎么还能老老实实地待在小小的原子核里？这不太科学呀！

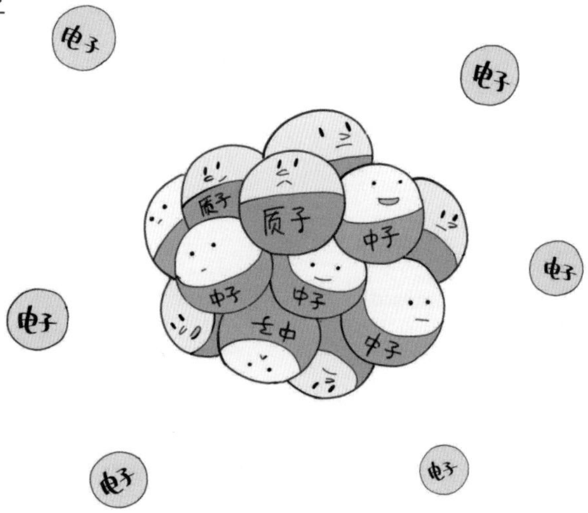

为了回答这个问题，卢瑟福提出一个有趣的观点：原子核里还应当有一种粒子，这种粒子可以像胶水一样，把质子们都粘在一起。这种粒子可能是质子和电子的复合体，它不带电，质量和质子差不多。他把这种粒子称为中子。

## 谁发现了中子？

第一个在实验室中偶遇中子的人是德国物理学家博特。他在用 α 粒子轰击铍（pí）时，得到一种穿透力很强的、不带电的射线。博特把这当成了 $\gamma$ 射线，没有特别重视。

约里奥－居里夫妇拥有比博特更高的实验技术，实验室的设备也好太多了。1931 年，他们轻而易举地重复了博特的实验，同样发现了博特所说的那种射线。他们还对这种射线进行了一些研究，发现这种射线可以从石蜡中打出质子。这说明：这种射线中的粒子的质量和质子的质量旗鼓相当。

质量和质子的差不多，又不带电，这不就是中子嘛！约里奥－居里夫妇距离发现中子就差一层薄薄的窗户纸了！如果他们在这之前稍微了解一下关于中子的预言，那他们肯定能想到，这种射线就是中子流。退一万步说，就算他们不知道中子是何方神圣也没关系，只要他们拿自己的实验数据好好算一算组成这种射线的粒子的质量、能量等指标，也会发现，这绝对不是什么 $\gamma$ 射线，是一种新的东西。

可惜呀！这对夫妇又大意了，竟先入为主地信了博特的结论，认定这是一般的 $\gamma$ 射线，并且在自己还对这个实验抱有疑惑时，就在 1932 年 1 月把这个实验结果和自己的结论公开发表了。

## 捡漏的查德威克

“他们看到了中子，还不知道！”就在约里奥－居里夫妇的实验结果发表后的一个月，英国剑桥大学卡文迪许实验室的詹姆斯·查德威克看到了。什么是天赐良机？什么是天上掉馅饼？——这不就是嘛！

机不可失！很快，查德威克重复了这一实验，并且仔细测量了新射线的相关数据，证实了这就是中子。

为什么查德威克就比出身名门，在实验室里兢兢业业、勤勤恳恳的约里奥－居里夫妇棋高一着，能判断出这是中子？——很简单！因为他是卢瑟福的学生，当然知道自己老师早就预判过中子的存在，所以当他看到约里奥－居里夫妇的实验数据时，立刻意识到，这种新射线根本不是 $\gamma$ 射线，就是中子。

查德威克因此获得了1935年的诺贝尔物理学奖。据说在讨论获奖者的时候，有人提出，应该让约里奥－居里夫妇与查德威克共享这个奖项。关键时候，当时的评奖委员会主席、查德威克的老师卢瑟福说话了：“这次的奖就给查德威克一个人吧，约里奥夫妇那么聪明能干，他们以后还会有机会的。”得！

约里奥－居里夫妇又错过一次。

机会总是留给有准备的人。约里奥－居里夫妇虽然在实验中走到了重大发现的门口，但他们没有必要的知识储备，没有对出乎预料的实验现象进行更加深入的研究，这使得他们与更伟大的成就擦肩而过。

## 一门两代三诺奖

如果说 1932 年是约里奥－居里夫妇意难平的一年，那么转过年来，1933 年，他们就守得云开见月明。

约里奥－居里夫妇在实验中发现，用 α 粒子轰击铝时，铝会放射出正电子和中子，产生新的化学元素磷。

听上去有点儿复杂，通俗一点儿去理解，就是他们在实验室中，以铝为原料，制造出了磷，而且还是有放射性的磷。太

神奇了吧！还能有这样的“魔法”？这不就是我们梦寐以求的“点石成金”。

约里奥－居里夫妇的这个成果真的很了不起，有极其重要的意义，它是人类第一次在实验室中制造出未知的原子核，而且还是放射性原子核。这意味着，人类可以用某种方法制造出地球上原本没有的未知元素。翻开化学元素周期表，我们可以看到，95 号及其以后的元素都是人造元素，尽管这些元素没有一个是约里奥－居里夫妇发现的，但正是约里奥－居里夫妇的发现，使得制造这些元素成为可能。

约里奥－居里夫妇因为这一发现在 1935 年获得了诺贝尔

化学奖，时年 35 岁的约里奥 – 居里先生成了最年轻的诺贝尔化学奖得主。这是居里家族的第三个诺贝尔奖。

**阅读延伸**

获得诺贝尔奖后，约里奥 – 居里夫妇并没有停下脚步。后来，他们发现了核裂变的链式反应。这个成果虽然没有让他们再获诺贝尔奖，但却导致了一个改变世界未来的武器——原子弹的诞生。

## 赠送 10 克镭

约里奥 – 居里夫妇对中国十分友好。我国杰出的核科学家钱三强、何泽慧、杨承宗等人年轻时，都曾在居里实验室学习和工作，师从约里奥 – 居里夫妇。中国学生功底扎实、勤奋刻苦，对待师长谦恭有礼，让约里奥 – 居里夫妇很是喜爱，倾囊相授。多年后，居里家的后人对中国记者说：“钱（三强）是我父母学生中地位最特殊的一个，他是一位朋友。”

1950 年 6 月，朝鲜战争爆发；10 月，中国人民志愿军赴朝参战，迅速扭转战争局面。之后美国动用核讹诈。1951 年 4 月，美国把能够运载原子弹的 B-29 轰炸机调遣到冲绳。担任世界保卫和平委员会主席的约里奥 – 居里先生对一切形式的核战争以及核威胁、核讹诈都非常反对。

此时，他的学生杨承宗响应国家号召，即将学成归国。约里奥 - 居里先生特别约见了杨承宗，并慷慨激昂地对他说："你回去转告毛泽东，你们要保卫和平，要反对原子弹，就要自己有原子弹。原子弹也不是那么可怕的，原子弹的原理也不是美国人发明的，你们有自己的科学家。"可以说，这段话对我国的核战略，起到了重要的鼓舞作用。不仅如此，约里奥 - 居里先生还赠送给杨承宗 10 克碳酸钡镭标准源，作为对中国开展核科学研究的支持。这是约里奥 - 居里夫人亲手制作的镭标准源，是当时世界最先进、最准确的放射性标准。别看它只有区区 10 克，这可是我国当时开展铀矿相关剂量研究唯一的借鉴实物，非常珍贵！对我国核能发展和研究意义重大。

要是他俩没错过中子，会不会包揽 1935 年的物理学奖和化学奖？

不幸的是，由于长期从事对健康有害的放射性研究，约里奥 - 居里夫妇分别于 1956 年和 1958 年去世，和他们的母亲居里夫人一样，他们死于放射性疾病。两代人都将自己的一生奉献给了科学事业。

诺贝尔奖群英谱
THE NOBEL PRIZE
1908 年 诺贝尔化学奖
- 授予 -
欧内斯特 · 卢瑟福 / 1871-1937
英国物理学家
表彰他对元素蜕变和放射性物质的化学研究
1935 年 诺贝尔物理学奖
- 授予 -
詹姆斯 · 查德威克 / 1891-1974
英国物理学家
表彰他发现了中子
1935 年 诺贝尔化学奖
- 授予 -
弗雷德里克 · 约里奥 - 居里 / 1900-1958 法国物理学家
伊伦 · 约里奥 - 居里 / 1897-1956 法国物理学家
表彰他们合成了新的放射性元素

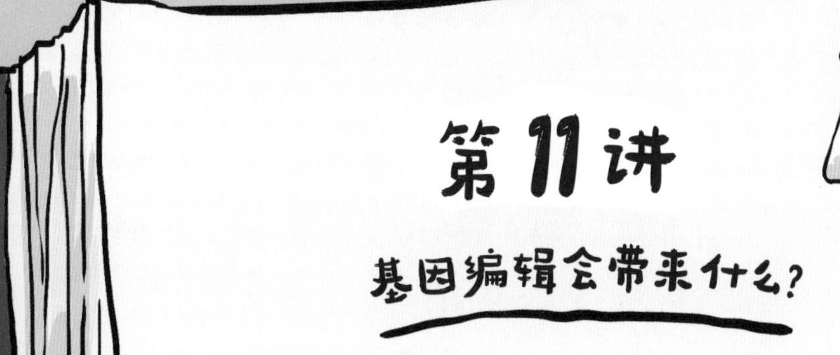

# 第11讲

## 基因编辑会带来什么？

这一次，充当人类老师的竟然是一种细菌，它们不仅狡黠，还相当“记仇”。

第一个“上课”的是个日本学者，谁知他没闹明白是咋回事，也就没当回事。

幸好多年后，一位西班牙科学家踏破铁鞋猜出了背后隐藏的“天机”，最终由一对跨国姐妹花开发了基因编辑技术，登上诺贝尔奖的领奖台。

若问这个技术用处大吗？——这么说吧，或许以后妈妈再也不担心孩子挑食了。

美美讨厌胡萝卜，小诺不吃芹菜？——没关系！因为在市场上可以买到荔枝味的胡萝卜、樱桃味的芹菜……

## 基因为什么那么神？

我敢打赌，你肯定听说过“基因”这个词，而且你也多多少少知道一些，比如基因跟人的长相有关，跟人的一些表现有关，还跟家族遗传有关。那基因藏在人身上的什么地方呢？

一个人的身体里有几十万亿个细胞。在细胞里，有细胞核。细胞核里住着一种叫 DNA 的东西，它的全称叫作脱氧核糖核酸。DNA 是一种呈双螺旋结构的长链，很长很长。长长的 DNA 就像一本厚厚的大书，记录了一个人全部的遗传信息。一本书上有好多字呢，没错！ DNA 上的信息量也挺大的，不过呢，就像并不是书上的每一句话都值得记住，DNA 这本“书”也不是每一句话都讲遗传的事。那些携带遗传信息的 DNA 片段叫作基因，一条 DNA 上有成千上万甚至几十万个基因。

有的人高，有的人矮；有的人胖，有的人瘦；有的人天生力气大，有的人从小就比别人跑得

## 阅读延伸

DNA由两条“骨架”互相缠绕组成，这两条骨架的基础由两种物质构成，一种叫磷酸，另一种叫脱氧核糖。在骨架上排列着4种碱基，分别是胞嘧啶（C）、鸟嘌呤（G）、腺嘌呤（A）和胸腺嘧啶（T）。4种碱基像固定的舞伴，两两配对。

快；有的人黑头发，有的人黄头发；有的人双眼皮，有的人单眼皮……这些不同的表现都是由基因决定的。而在一个人的一生中，从出生到咿呀学语，从青春少年到成年人，再慢慢变老，最终生命终结，每一个过程都逃不出基因的掌控。

基因如此神奇，又是如此重要，人类当然不能错过对它的研究。基因研究的历史不算长，但成果还真不少：比如我们知道了，原来人类的某些疾病竟然

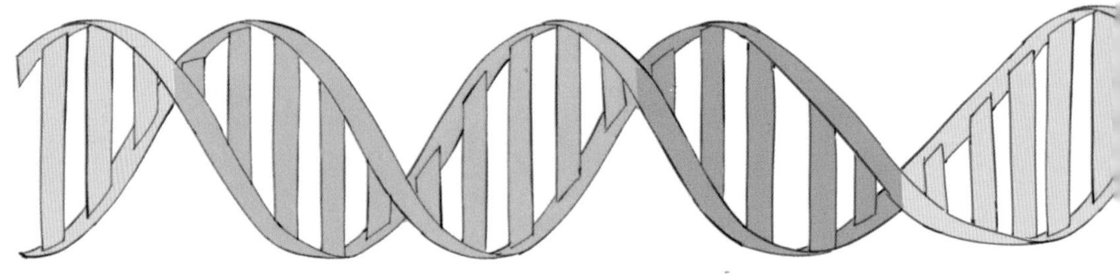

是基因缺陷在作祟，像色盲、秃头，还有 19 世纪波及多个欧洲王室的血友病；利用基因技术，人们培育出了以前根本不存在的新物种。

新冠病毒肺炎疫情让我们熟悉了一个新词：核酸检测。核酸检测其实就是检测有没有新冠病毒的基因。每一种生物的基因都是独一无二的，因此利用基因技术可以快速检测某种生物是否存在。

## 恨之入“基因”

1987 年，日本大阪大学微生物研究所的研究员石野良纯意外发现了一件奇怪又挺有意思的事。

他发现，一种大肠杆菌的基因组里每隔一小段，就会出现一段重复的碱基序列。这就好比考古人员在一本尘封多年的古

书上看到，每隔一小段文字就出现一句“天机不可泄露”。这串文字在这本书上间隔出现，不断重复。

这是什么意思？石野也不知道这是怎么回事，他把这件事写进论文，并在论文的结尾写道：“这种奇特的序列值得深入探讨。”然而，他自己并没有深入探讨。

大肠杆菌基因里古怪的“复制粘贴”现象，并不是独此一家。科学家们发现，实际上很多细菌的基因里都有这种现象，这也被称为“成簇的规律间隔的短回文重复序列”。哎哟！这也太难记了！科学家也不愿意每次都说上这么一大长串儿，干脆就用它的英文单词首字母组合起来造了一个新词：CRISPR。CRISPR 到底隐藏着什么“天机”？细菌的基因组里不断重复的，会是什么重要的事呢？

西班牙生物学家弗朗西斯科·莫伊卡在海量的基因组数据库里经过耐心比对，提出了一个听上去很大胆、细想还挺合理的猜测。CRISPR 身上的重重疑云这才开始渐渐散去。原来这背后有一对老冤家。

细菌和病毒，这两种小坏蛋不光给人类下黑手、使绊子，它们之间也没少互掐。噬菌体是一种病毒，它有着外星来客一般的怪异长相，乍看像一只细脚伶仃的蚊子驮着一个大个儿麦克风。这家伙如果遇到细菌的话，就会上前一把抓住细菌，将自己的 DNA 注入细菌体内，然后疯狂复制，在细菌体内形成一支“灭菌敢死队”，最终细菌不堪重负——裂解，释放噬菌体。

而细菌一方也不甘坐以待毙呀，渐渐地，它们练就了绝地反击的大招。它们居然偷偷保存了噬菌体的多段基因，并且把这些基因嵌入自己的 DNA 里。见过记仇的，没见过这么记仇的。有人是“我把你记在我的小本本上”，有人是咬着牙宣称“我对你恨之入骨”，而这种细菌更狠，把攻击过自己的“仇家名单”直接刻进 DNA 里，不单记仇，还要把仇恨以基因的形式代代传递：下次来，绝不放过它！

于是这个细菌的子子孙孙，DNA 里都自带“仇家名单”，再见到噬菌体，不但不会再被欺负，还会主动攻击果断复仇。

莫伊卡的猜想一开始也到处碰壁，不被人接受。到了 2007

年，越来越多的科研实验都证明：还真是这么回事！

那细菌又是怎么报仇的呢？

## 基因魔剪，咔嚓

由于 DNA 里嵌入了噬菌体的基因片段，就算小细菌第一次遇到噬菌体，都能识别出这是坏人，还是攻击过爷爷的爷爷的仇人！那咱就不客气了。它会挥舞着一把锋利的大剪刀，咔嚓一下，把噬菌体的 DNA 剪断，报仇雪恨。

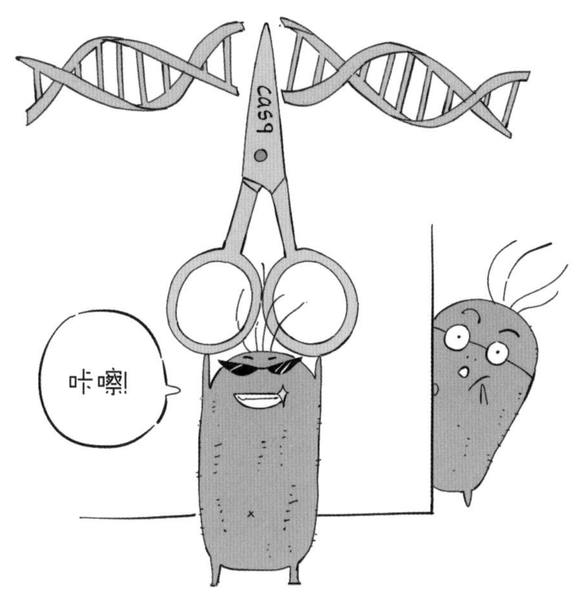


等等！细菌还会用剪刀吗？——这里说的“剪刀”不是我们用的那种，而是一种特殊的蛋白质，或者叫酶。当遭到噬菌体攻击时，细菌可以迅速产生这种酶，它就像一把大剪刀，可以把噬菌体的 DNA 咔嚓剪断，噬菌体就再也不能增殖了。

这种酶叫作 Cas9。

故事讲到这里，两位优雅的女科学家闪亮登场了，她们是法国人埃玛纽埃勒 · 沙尔庞捷和美国人珍妮弗 · 道德纳。她俩一个特别懂细菌，一个擅长用高科技手段把蛋白质分子看个一清二楚。二人强强联手，成就了生物工程技术中一个里程碑式的贡献。沙尔庞捷领导的实验室在研究化脓性链球菌中的CRISPR序列时，发现一种名叫Cas9的蛋白质能干净利落地斩断病毒的DNA。道德纳带领的团队从原子的层面完美地揭示了Cas9是怎么在CRISPR的指引下，就像开了导航一样，精准定位噬菌体的基因组的。

说起来有点儿让人哭笑不得啊，我们的免疫系统就是对付细菌、病毒的。谁能想到，小小的细菌还有一套自己的免疫体系，而且这套免疫体系还实实在在地给作为高等动物的人类上了一课：记录生命遗传信息的DNA，居然还能被剪断，插入一段别的序列，连接成一段崭新的DNA。更令人惊异的是，经历这么一顿操作，细胞居然还没死，生命能力还升级了。那我们不是可以手动改装DNA了吗？埃玛纽埃勒·沙尔庞捷和珍妮弗·道德纳合作，利用CRISPR-Cas9开发出了基因编辑技术。

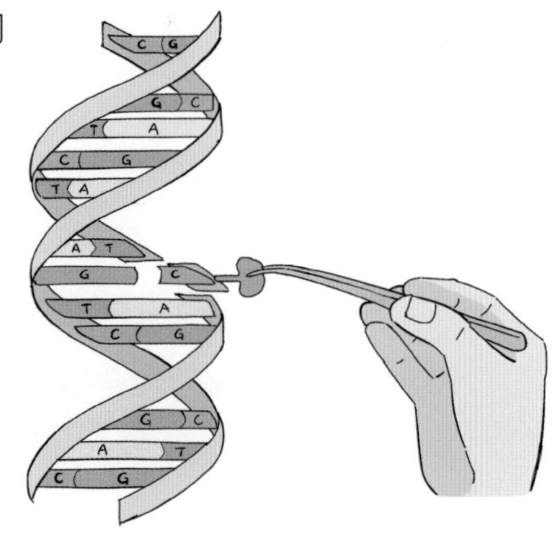


基因编辑技术就是可以精准定位，删除、修改、替

换一小段基因，从而改变生物的某些特点，或者赋予生命新的能力。其实，可以剪断 DNA 的酶不止一种，但 Cas9 是其中最好用的一把基因魔剪，有了它就像我们修改一个文档时，有了搜索功能和光标，就可以锁定哪一页上哪个字或者哪几个字需要修改或替换，快捷、高效、精准。沙尔庞捷和道德纳利用 CRISPR-Cas9 把基因编辑这项技术做得非常好用，准确不易出错，使用成本还低廉。如今，它几乎成为各个生物实验室的标配。

沙尔庞捷和道德纳因此获得了 2020 年的诺贝尔化学奖。这是诺贝尔奖 120 多年来首次同时授予两位女性科学家。

## 基因编辑会带来什么？

基因编辑这项技术的用处可太大了，据初步估算，相关产值每年可达几十亿！

用在农业上，可以培育出新的农作物品种，让这些新品种有更优异的表现，比如生长快、产量高、抗病虫害。

基因编辑技术可以培育出更多颜色的植物。

在医疗领域，人们更是对基因编辑技

术寄予厚望。目前，科学家已经利用基因编辑技术治疗一些遗传性的血液病，利用基因编辑技术攻克艾滋病和癌症的研究也在进行。

2023 年，中国水产科学研究院黑龙江水产研究所利用基因编辑技术，剔除了鲫鱼体内的肌间刺，只留下了脊椎和大的骨骼。在不久的将来，吃鱼或许真的不用挑刺了。

不过，和很多先进技术一样，基因编辑技术有利也有害，是一把双刃剑，它可能造成的危害将是致命或者毁灭性的。

人类可以利用基因编辑技术生产药物，当然也可以用来制造生化武器，不难想象，那样的战争将会更加可怕。

人类可以利用基因编辑技术培育出一些超级农作物，当然也可能“订制”出超级人类。他们若是先天就摆脱了缺陷基因，不近视、不秃头、没有高血压烦恼，我们也就默默羡慕一下算了；要是有些人生来就具备一些我们没有的能力，比如天生神力、脑力超群、人均身高两米八……很可能会让这个世界增加更多不和谐、不安宁的因素。

因此，我们必须对基因编辑技术加以约束，因为如果滥用，很有可能它会变成潘多拉的盒子，带来前所未有的灾难。

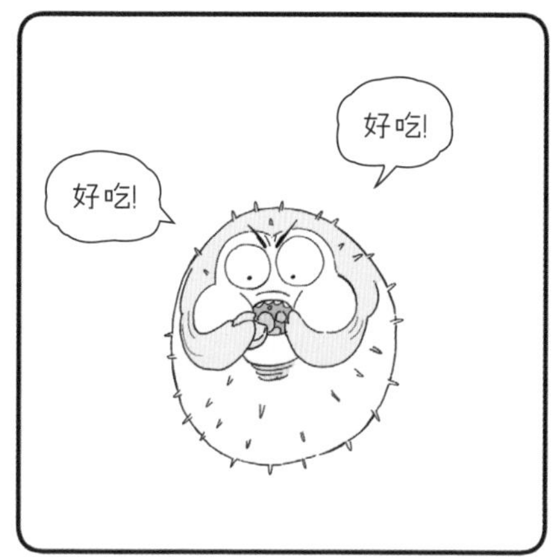

日本人批准了经过基因编辑的河豚上市，这种河豚食欲旺盛，体重增长更快。

## 阅读延伸

即使今天，人类对于基因的了解仍十分有限，未解之谜比比皆是。因此，各国科学家都恪守基因编辑的一道红线：决不能对人类胚胎细胞进行基因编辑。2020 年，我国在《刑法修正案（十一）》中对这类行为增设了条款。这不仅是科学问题，也涉及伦理和道德。

* 本章内容的审校，在专业知识方面受到了吕海老师的帮助。

诺贝尔奖群英谱
2020 年 诺贝尔化学奖
- 授予 -
埃玛纽埃勒·沙尔庞捷 / 1968– 法国生物学家
珍妮弗·道德纳 / 1964– 美国生物学家
表彰她们开发出一种基因编辑方法
PRIZE